Stefan Leszko

Was Sie schon immer über **Gärtner** wissen wollten,

aber bisher nicht zu fragen wagten

Ulmer

Inhalt

Vorwort

Der Gärtnerberuf – und nicht etwa, wie oft fälschlich behauptet, das sogenannte „horizontale Gewerbe" – ist die älteste Erwerbstätigkeit der Welt. Der biblischen Legende nach formte der Schöpfer den ersten Menschen aus Lehm und setzte ihn dann in den Garten Eden, wo ihm, in Ermangelung jedweder anderer wirtschaftlicher Strukturen, gar nichts anderes übrig blieb, als Gärtner zu werden. Das war ihm aber gar nicht unlieb, weil er dabei immer an der frischen

Luft sein konnte. Erst nach einigen Tagen wurde es dem Urgärtner fad, und er beschwerte sich mit dem Hinweis, dass er schließlich aus Lehm und nicht aus Holz sei. Daraufhin, so die Legende, entnahm der Schöpfer ihm eine offenbar überzählige Rippe und bastelte ihm daraus eine Gefährtin. Ein Gärtner und eine Rippe waren also die ersten Menschen. Ein seltsames Paar, aber irgendwie muss man ja mal anfangen.

Seitdem ist einige Zeit vergangen, und der Gärtnerberuf hat etwas an Beachtung eingebüßt. Ein Blick in eine beliebige TV-Programmzeitschrift Ihrer Wahl wird Ihnen das bestätigen. Die Berufsgruppen, die heute die Öffentlichkeit beschäftigen, sind Kriminalbeamte, Ärzte und Rechtsanwälte. Auch bei den lärmig geführten Auseinandersetzungen zwischen Parteien, Gewerkschaften und Lobby-Verbänden ist von Gärtnern so gut wie nie die Rede. Das öffentliche Leben von heute geht am Gärtner vorbei. Es hat keinen Zweck, diese deprimierende Tatsache beschönigen zu wollen. Was uns geblieben ist, ist eine Handvoll abgestandener Klischees, die wir nun wirklich nicht mehr hören können: Dass der typische Gärtner Strohhut und Spaten trägt, dass er, wie Reinhard Mey behauptet, immer der Mörder ist, oder dass er, einem chinesischen Sprichwort zufolge, ein Leben lang glücklich ist. Natürlich ist das alles barer Unsinn. Nur das mit der frischen Luft stimmt, aber da könnte man auch von einem Seemann sagen, dass er immer mit Wasser zu tun habe.

Angesichts all dieser Vorurteile, Gerüchte und Irrmeinungen war es längst überfällig, dass einmal ein Insider die Dinge zurechtrückt. Wie viele andere Kollegen habe auch ich jahrelang mit steigender Ungeduld darauf gewartet. Es geschah aber nichts, und so musste ich es schließlich selbst tun. Ursprünglich wollte ich die Darstellung eines heutigen Gärtnerdaseins in einen sagenhaften, fiktiven Romanzyklus verpacken, der den verwöhnten Ansprüchen des modernen Lesers entgegenkommt, so eine Art Harry Potter auf gärtnerisch, der Verlag hatte sogar schon einen Titel (er lautete „Der Herr der Spaten" oder so ähnlich) und auch eine Verfilmung war schon angedacht. Leider fiel mir aber nichts ein, und so musste ich mich auf eine Reihe von streng authentischen Schilderungen aus dem gärtnerischen Berufsalltag beschränken. Das heißt: Die geschilderten Ereignisse sind authentisch, die handelnden Personen sind erfunden. Oder war' umgekehrt? Also, da bin ich jetzt ja nun ganz durcheinander …

Aber das ist eigentlich auch nicht wichtig. Wichtig ist, einem lang verkannten Berufsstand endlich jene Achtung und Beachtung zu verschaffen, die ihm aufgrund seiner historischen Bedeutung zukommt.

Das war mit diesem Buch meine Absicht.

Ich will hoffen, dass sie gelungen ist.

Sie haben das vorliegende

braun | steine GmbH
www.braunsteine.de

DATAflor AG
www.dataflor.de

Helix Pflanzen GmbH
www.helix-pflanzen.de

Es gab hierzulande einmal eine Zeit – die Älteren unter Ihnen werden sich vielleicht noch daran erinnern – in der hoch stehende Persönlichkeiten die Förderung der Kunst zu ihrem besonderen Anliegen machten. Exemplarisch sei hier seine Königliche Hoheit, der Herr Prinzregent Luitpold von Bayern, genannt.

Nach 1918 begann man dann die Eignung politischer Führungskräfte eher nach ihrer Bierzelttauglichkeit zu bemessen. Seither beschränkt sich deren kulturelle Aktivität weitgehend auf Grußworte und zerschnittene rote Bänder.

Buch möglich gemacht

Bernhard von Ehren

Nicole Klattenhoff *

Lorenz von Ehren
www.lve-baumschule.de

der Staudenring GmbH
www.staudenring.com

Dass die edle Tradition des Mäzenatentums dennoch fortlebt, verdanken wir einigen wenigen Persönlichkeiten, die immer wieder aufs Neue beweisen, dass Vermögen und Niveau durchaus in einem harmonischen Zusammenhang stehen konnen. Nach dem durchdachten Grundsatz „Ehre, wem Ehre gebührt" haben sich Autor und Verlag entschlossen, die Ausstellung mit den Portraits dieser Persönlichkeiten der Öffentlichkeit zugänglich zu machen.

* als Sprecherin der acht Staudengärtnereien

[8]

Grün ist das Chaos

Ich weiß nicht, woran es liegt, aber immer noch denkt die Mehrheit der Bevölkerung, Gärtner sei ein idyllischer, romantischer Beruf am Busen der Natur, eine Art Geißen-Peter für Pflanzen.

Niemand glaubt heute mehr, dass Flussschiffer Choräle singend ihre Flöße dahinstaken, dass Förster jodelnd durch den Silberwald ziehen oder Politiker sich um das Gemeinwohl sorgen – nur uns Gärtner hält man immer noch für die erdverkrusteten Naturburschen, für die es keine Plagen der Neuzeit gibt, nur die Vogerln und die Blumerln und die Straucherln und die Bam. Ja. Da kann ich mich nur einer stillen Heiterkeit hingeben.

Wenn es irgendetwas gibt, was den Beruf des modernen Landschaftsgärtners prägt, so ist es das Chaos. Was sage ich – prägt? Das Chaos ist Solo, Anfang und Ende unseres Berufs, es durchzieht ihn wie ein präpotentes Leitmotiv, es ist allgegenwärtig und geradezu unentbehrlich. Chaos ist der Normalzustand. Fehlte es, würde das das völlige Chaos bedeuten. Und das liegt nun nicht etwa daran, dass wir Gärtner besonders chaotische Menschen wären.

Nehmen wir ein nahe liegendes Beispiel: mich. Ich bin sozusagen der geborene Pedant, ein Planungsfanatiker, der sich jeden Arbeitsschritt vor- und rückwärts überlegt; ich bin ein Mann, der eine spontane Liebeserklärung vorher siebenmal proben würde. Mit Partnerin! Trotzdem sieht ein ganz normaler Arbeitstag bei mir etwa so aus:

6.30 Uhr: Ich bin auf Ausguck und beobachte die Straße, die am Betrieb vorbeiführt. Ich bin nervös, denn für heute ist uns eine größere Pflanzenlieferung avisiert, die mit einer Spedition kommen soll, und das Preisdumping im Speditionsgewerbe führt erfahrungsgemäß zu überaus eigenartigen und unvorhersehbaren Entwicklungen. Zudem habe ich eine Menge Termine, die allesamt wie Dominosteine umfallen, wenn die Lieferung nicht bis spätestens halb acht da ist. Zehn nach sieben taucht unten an der Kreuzung ein gigantischer Laster auf, kriecht in langsamer Suchfahrt die Straße herauf, passiert unsere Einfahrt und kriecht weiter. Ehe ich zur Tür hinaus bin, ist er bereits nach oben verschwunden. Unser Firmenzeichen erstreckt sich über zwei Garagentore, es ist eigentlich ebenso wenig zu übersehen wie die Feldherrenhalle, aber der Fahrer hat es übersehen und jetzt ist er weg. Mein einziger Trost ist, dass er wieder zurückkommen muss, denn die Straße, die er befährt, ist eine Ringstraße. Aus der oberen Siedlung führt nur ein Feldweg hinaus, den er ja wohl nicht nehmen wird. Oder doch?

Die Minuten streichen zäh dahin, und ich fühle mein Haar ergrauen. Endlich taucht der Laster ganz oben am Hang wieder auf und kriecht die Straße abwärts. „Kriechen" ist das richtige Wort. Eine alte Frau mit Rollator eilt an ihm vorbei und verschwindet, schließlich kommt er aber doch näher. Als er sich der Einfahrt nähert, beginnt er zu beschleunigen.

Kein Zweifel, er wird wieder vorbeifahren. Ich stürze zur Tür hinaus und werfe mich ihm mit Todesverachtung in den Weg. Zu meiner Überraschung hält er noch rechtzeitig. Aus der Fahrerkabine späht ein verstörter Pole wie ein Uhu, den man bei Tag geweckt hat und fragt guttural: „Ist das hier Gartenbau?" Als ich bejahe, steigt er erleichtert aus, ergreift einen fettgedruckten Lieferschein, hält ihn etwa fünf Zentimeter vor seine Augen und entziffert mühsam die Lieferdaten. Nun, das erklärt immerhin, warum er die Einfahrt nicht gefunden hat. „Sie brauchen eine Brille", sage ich. „Warum?", fragt er. Ein Blick auf die Uhr veranlasst mich, das Thema nicht weiter zu vertiefen. Ich helfe dem Fahrer beim Ausladen, öffne notdürftig die Verpackungen, damit die Pflanzen Luft bekommen und stürze dann eilends davon, da ich auf einer Baustelle zwei Mitarbeiter einweisen muss.

8.05 Uhr: Der Arbeitsbeginn war für acht Uhr angesetzt. Ich komme fünf Minuten zu spät, und natürlich stehen meine Mitarbeiter bereits unverschämt grinsend auf der Baustelle herum. „Ein falsches Wort und die Lippe ist dick!", sage ich daher zur Begrüßung. Ich bin ein harmoniebedürftiger Mensch und pflege deshalb Konflikte gern schon im Ansatz zu vermeiden. Außerdem bin ich kein Freund weitschweifiger Erklärungen. Dank dieses umsichtigen Führungsprinzips ist die Einweisung denn auch rasch beendet. Das ist auch gut so, denn im Büro wartet Arbeit auf mich.

Gerade als ich gehen will, schlägt das Schicksal in Gestalt des Bauherren, der soeben aus dem Haus kommt, zu. Er hat zwei Tage Urlaub und sehr viel Zeit. Nach einer ebenso freundlichen wie ausführlichen Begrüßung kommt er auf einen gelben Wellensittich zu sprechen, der hinter der Scheibe der Terrassentür in einem Käfig sitzt. Meine unwirsche Bemerkung, ich hätte selbst Wellensittiche, versteht der Bauherr offenbar falsch und beginnt, mir chronologisch die Lebensgeschichte des Sittichs zu erzählen. Das dauert seine Zeit, da der gefiederte Zeitgenosse bereits neun Jahre zählt. Ich altere um etwa denselben Zeitraum, bis ich endlich entfleuchen kann.

9.45 Uhr: Ich sitze am Schreibtisch, vor mir eine Liste mit Lieferanten und Herstellern, mit denen allerlei technische und terminliche Details zu klären sind. Gleich unter der ersten Nummer meldet sich eine mir gänzlich unbekannte Dame und nicht der Sachbearbeiter, den ich sprechen wollte. „Könnte ich bitte Herrn Schubert sprechen?", frage ich. „Herr Schubert ist nicht da", erwidert sie. „Er hatte gestern einen Herzinfarkt." „Ach, herrje!", rufe ich. „Lebt er noch?" „Ich weiß nicht", antwortet sie. „Heute kommt er jedenfalls nicht mehr." „Wer vertritt ihn denn?", frage ich. „Normalerweise Herr Müller-Stövken", sagt sie, „aber der ist bis übernächste Woche im Urlaub. Herr Müller-Stövken wird von Herrn Scharnhorst vertreten, aber der ist auf Fortbildung. Ich könnte Sie aber mit Herrn Dinkelsbühler verbinden, wenn Sie das wollen." „Ich bitte darum", sage ich. Daraufhin verschwindet sie aus der Leitung und ich werde zur Unterhaltung mit Musik beschallt. Mozarts „Kleine Nachtmusik" auf dem Xylofon. Geraume Zeit später, als das Xylofon bereits merklich lästig zu fallen beginnt, meldet sich die Dame wieder. „Hören Sie?", sagt sie. „Herr Dinkelsbühler ist gerade in einer Besprechung. Kann er Sie zurückrufen?" Damit ist klar, dass ich von Herrn Dinkelsbühler nie wieder etwas hören werde. Trotzdem bejahe ich und hinterlasse meine Nummer; ich weiß auch nicht, warum.

So geht es weiter. Von allen Leuten auf meiner Liste habe ich mir vorsorglich die Durchwahlnummer notiert und keinen davon erreiche ich. Überall sind Vorzimmerdamen mit den immer gleichen Ausreden, Tagung, Besprechung, Herzinfarkt, Fortbildung und was dergleichen läppische Anlässe mehr sind. Keiner ist da, aber alle wollen mich zurückrufen. Und überall spielt man Mozarts Kleine Nachtmusik auf dem Xylofon. Es ist zum katholisch werden! „Oh Herr!", rufe ich, den Blick himmelwärts gerichtet. „Warum ist niemals jemand da, den ich anrufen muss? Warum nur? Warum?" Aber diesmal antwortet nicht einmal die Vorzimmerdame.

11.15 Uhr: In einer Wählpause erreicht mich völlig unerwartet ein Anruf. Es ist aber nicht Herr Dinkelsbühler, sondern einer meiner Mitarbeiter, der von der Baustelle aus anruft. Er teilt mir mit, dass der für 10 Uhr bestellte Container noch immer nicht gekommen sei. Ich frage beim Containerdienst nach. Ich erhalte zur Antwort, man wisse momentan auch nicht weiter, der Fahrer sei verschollen, aber man sei am Nachforschen und werde mich zurückrufen. Als ich das meinem Mitarbeiter weitergebe, stellt er die berechtigte Frage, wo sie denn inzwischen mit dem Erdaushub hin sollen. Ich gebe Anweisung, denselben zwischenzulagern.

11.45 Uhr: Nachdem die Telefonschlacht geschlagen ist, eile ich ins Freie, um die Pflanzenlieferung auszupacken, voll Sorge, wie es den Pflanzen nach zwei Tagen in der drangvollen Enge eines Palettenstapels wohl gehen mag. Ihrem Aussehen nach scheinen sie sich um einiges besser zu fühlen als ich.

12.45 Uhr: Zeit zum Mittagessen. Meine Geschmacksnerven verweigern stressbedingt den Dienst, aber der Hunger treibt's hinein. Nach drei Bissen läutet das Telefon. Es ist der Containerdienst. Der Fahrer des verschollenen Containerfahrzeugs habe sich gemeldet. Sein LKW sei zusammengebrochen und er liege irgendwo jwd fest. Man werde sich aber um eine Ersatzlieferung bemühen, man wisse nur noch nicht genau, wann sie da sein könne, vielleicht heute, vielleicht morgen, wer könne das schon sagen, sie täten jedenfalls ihr Bestes. Ich rufe sofort auf der Baustelle an und weise meinen Mitarbeiter an, einstweilen die Schüttgüter hereinzufahren. „Können wir nicht", antwortet er, „da, wo sie hin sollen, lagert der Erdaushub." Ich instruiere ihn, die Schüttgüter zwischenzulagern.

13.30 Uhr: Ich habe einen Besprechungstermin auf einem Neubaugrundstück mit dem Bauherrn und dem Bauleiter einer Tiefbaufirma, die als Subunternehmer einige ergänzende Arbeiten ausführen soll. Der Bauherr ist da, ich bin da, nur der Tiefbauleiter lässt auf sich warten. Nun ja. Das kann schon mal vorkommen. Wir unterhalten uns über dieses und jenes und noch verschiedene andere Dinge. Um 13.40 Uhr, als unsere Konversation doch schon etwas verkrampft wird, entschließe ich mich, den Bauleiter anzurufen. Auf seinem Mobiltelefon antwortet die Mail-Box. Ich rufe in seinem Büro an, um eine Nachricht zu hinterlassen. Es meldet sich jedoch der Bauleiter selbst. Er sollte seit einer halben Stunde hier sein, aber er sitzt friedlich in seinem Büro. Leicht verstimmt möchte ich wissen, warum er unserer Verabredung fern geblieben ist. „Ach du Scheiße", antwortet er fröhlich, „das hab ich verschnappt. Ging's auch noch nächste Woche?" Ich vereinbare einen neuen Termin, beruhige den Bauherrn und fahre dann eilends zurück in den Betrieb, um die Pflanzen einzuladen.

15.00 Uhr: Auf der Baustelle erwartet mich ein unvorstellbares Chaos. An die geplante Pflanzung ist nicht zu denken, denn auf den Pflanzflächen lagern die Schüttgüter, die des zwischengelagerten Erdaushubs wegen nicht weiter verbracht werden können. Die Pflanzen wieder zurückzubringen fehlt jedoch die Zeit, denn ich habe anschließend noch einen Termin. Nach einem kurzen, aber fruchtbaren Gedankenaustausch mit meinen Mitarbeitern kommen wir überein, die Pflanzkästen zwischenzulagern.

15.45 Uhr: Die Straße zu der Ortschaft, in der ich um 15.30 Uhr einen Besichtigungstermin hatte, war wegen Baumaßnahmen gesperrt. Zum Glück habe ich kein Navi, sondern eine Straßenkarte im Handschuhfach, so dass ich mit vergleichsweise geringer Verspätung mein Ziel erreiche. Leider ist der Grundstückseigentümer nicht zugegen. Er erscheint erst gegen 16 Uhr, als ich gerade gehen will. Er hatte sich die Zeit falsch gemerkt – 16.30 Uhr statt 15.30 Uhr, das kann ja mal vorkommen. Er fragt, ob wir noch auf seine Frau warten könnten, die in spätestens einer halben Stunde da sein müsste. Als ich das rundweg ablehne, sieht er etwas verletzt aus. Offenbar kann er meine Ungeduld und mein hemmungsloses Drängeln nicht verstehen. Ich weiß selbst nicht, warum ich heute so nervös bin. Muss am Wetter liegen.

17.00 Uhr: Gerade zum Arbeitsschluss bin ich zurück auf der Baustelle. Zu meiner Überraschung war zwischenzeitlich der Containerdienst da und hat den Ersatzcontainer gebracht. Da alle anderen freien Flächen belegt sind, hat man ihn in der Einfahrt abgestellt, direkt vor der Garage. Zum Einladen war es leider schon zu spät, aber immerhin dürfen wir hoffen, morgen etwas weiterzukommen. In froher Stimmung beenden wir den heutigen Einsatz. Eben, als ich wieder aufbrechen will, erscheint der Bauherr mit seinem Auto und jammert herum, dass er nicht auf sein Grundstück kann, als ob es keine anderen Probleme auf dieser Welt gäbe. Wenn es etwas gibt, was ich nicht leiden kann, ist es larmoyantes Selbstmitleid. Ich empfehle ihm, sein Fahrzeug zwischenzulagern.

17.30 Uhr: Zurück im Büro nehme ich die Eintragungen ins Tagesbuch vor. Dabei gilt es, die gearbeiteten Zeiten und die erzielten Arbeitsfortschritte festzuhalten; das ist sehr wichtig für künftige Kalkulationen. Die gearbeiteten Zeiten gehen mir flott von der Hand. Mit der Darstellung der heute erzielten Arbeitsfortschritte tue ich mich etwas schwerer.

18.15 Uhr: Ich will noch ein wenig spazieren gehen, denn ich habe etwas Entspannung nötig. Weiß Gott, dass ich sie nötig habe! Ich fühle mich älter als die Rolling-Stones nach einem Live-Auftritt zusammen. Kaum bin ich zur Einfahrt hinaus, treffe ich einen Nachbarn, der, auf dem Fahrrad fahrend, seinen Hund ausführt. Diese Tätigkeit macht einen nicht unbeträchtlichen Teil seines Tagesprogramms aus, denn er ist Pensionist. Es gibt überhaupt viele Pensionisten in unserer Siedlung. „Herr Leszko", sagt er zu mir, „Sie sehen ja blendend aus! Na, kein Wunder, wenn man so einen harmonischen, naturnahen Beruf hat!"

19.30 Uhr: Nach des Tages Mühen lasse ich mich in ein Fauteuil sinken, um mir etwas Unbeschwertes im Fernsehen anzusehen. Kaum habe ich eingeschaltet, erscheint ein dynamischer Zeitgenosse auf dem Bildschirm und schreit mich an: „Jahrelang hatte ich Erektionsstörungen – aber damit habe ich sie überwunden!" Er hält eine bunte Tablettenschachtel in die Kamera und grinst wie ein Marzipanpferd. Warum hat er nicht etwas gegen chronisches Chaos anzubieten?

21:00 Uhr: Inzwischen denke ich doch auch mal an etwas anderes. Zumindest in der Freizeit funktionieren noch ein paar Dinge pannenfrei. Aber das gehört nicht mehr hierher.

Fortschritt

Man sagt uns Landschaftsgärtnern ja gerne nach, ein stockkonservativer Haufen von Fortschrittsverweigerern zu sein. Natürlich ist dieses Klischee falsch. Ich selbst, zum Beispiel, bringe meine Kolumnen schon längst mit einer modernen Stahlfeder zu Papier, die nicht nur sauberer schreibt, sondern auch viel länger hält als die althergebrachten Gänsekiele.

Letztes Frühjahr habe ich eine komplett neue Ausstattung von Spaten und Spitzhacken aus Bronze angeschafft, obwohl unsere alten Steinwerkzeuge noch sehr gut waren. Und als unsere Brieftaube in die Jahre kam, erwarb ich ein Telefon und ein Faxgerät, um den betagten Vogel zumindest bei Weitstreckenflügen zu entlasten.

Das Telefon habe ich dann bald wieder abgeschafft, weil die Leute, die ich anrufen wollte, nie da waren. Ich erreichte immer nur Anrufbeantworter und Sekretärinnen, von denen mir Rückrufe versprochen wurden, die nie kamen.

Das Fax hingegen leistete mir jahrelang treue Dienste, bis es letzten Monat unerwartet erkrankte und kurz darauf verschied. Der Techniker, den ich sofort zu Hilfe rief, warf nur einen Blick auf das leblose Gerät und schüttelte dann den Kopf. „Herr Leszko", sagte er,

„für das Geld, das die Reparatur kosten würde, können Sie sich drei neue Faxe kaufen."

Das tat ich. Ich kaufte drei identische Geräte, da mir mein praktischer Verstand sagte, dass ich dann nur eine Bedienungsanleitung zu lesen hätte.

Die besagte Anleitung entpuppte sich als Wälzer von den Ausmaßen eines Tolstoi-Romans. Das erschreckte mich zuerst, doch stellte ich bei der Durchsicht des Inhaltsverzeichnisses fest, dass die eigentlichen Faxfunktionen nur vergleichsweise bescheidenen Raum einnahmen. Der restliche Inhalt befasste sich mit verschiedenen gänzlich faxfremden Funktionen, darunter auch mit der Rubrik „Spiel und Spaß", die das Gerät nicht nur als Bürogehilfen, sondern auch als launigen Freizeitgefährten anpries.

Das scheint der neue Trend zu sein. Hätte in meiner Kindheit jemand verkündet, mit einem Telefon fotografieren zu wollen, hätte man den Arzt gerufen. Heute nähern sich viele Kommunikationsgeräte Goethes Ideal vom Universalgenie an. Kürzlich wollte sich ein Bekannter von mir erschießen, weil er mit seinem Handy auch sämtliche existenziell bedeutsamen Daten verloren hatte. (Zum Glück kam er aber nicht mehr an sein Gewehr heran, da auch die Kombination des Waffenschranks auf dem Handy gespeichert gewesen war.)

Deshalb, halten Sie mich jetzt ruhig für altmodisch, bevorzuge ich konservative Vergnügungen aus Fleisch und Blut. Wenn sie spielen wollen, können die drei Faxgeräte das ja untereinander tun.

Ich bin kein Soziologe

Die Verkehrssituation in diesem Lande ist nicht gerade befriedigend. Erst heute früh habe ich in der Zeitung gelesen, dass einer Studie zufolge die Aggressivität vor allem männlicher Verkehrsteilnehmer beständig ansteige, warum wisse man nicht. Auch ich weiß es nicht, obwohl auch ich ein männlicher Verkehrsteilnehmer bin. Allerdings, wenn ich zu einem Termin muss und, des gesperrten Ortskerns wegen, mich über einen viel zu schmalen Flurweg mit pausenlosem Gegenverkehr zwängen muss, um auch nur aus meinem Wohnort herauszukommen, wenn ich dann auf einer Straße, die aus unerfindlichen Gründen Schnellstraße tituliert wird, nur im Schritttempo weiterkomme, weil infolge von Bauarbeiten statt vier Spuren nur anderthalb befahrbar sind, wenn ich dann bei Ankunft an meinem Zielort eine halbe Stunde vor einer mobilen Ampel stehe, weil der Ortseingang aufgegraben ist, und wenn meine Wegbeschreibung zum Kundengrundstück sich aufgrund umfangreicher Baumaßnahmen als unbrauchbar erweist – dann, ich kann es nicht leugnen, fühle auch ich eine leichte Aggressivität in mir aufkommen.

Nicht, dass ich es erklären könnte, ich konstatiere es nur. Aber auch unerklärliche Phänomene sind real und wollen berücksichtigt werden. Um mich in einer solchen Situation abzulenken, schalte ich das Autoradio ein. Im Autoradio wird über Studien berichtet. Heutzutage werden im Auftrag der öffentlichen Hand sehr viele Studien durchgeführt. Offenbar sind Studien eine lohnende Möglichkeit, das Geld der Steuerzahler zu investieren, fast so lohnend wie Straßenbaumaßnahmen. Vielleicht sollte man es selbst einmal versuchen; ich muss gelegentlich mit meinem Bankberater darüber sprechen.

Die Studie, über die heute Vormittag berichtet wurde, befasste sich mit dem Spielverhalten von Kindern. Kinder, so erläuterte der – der – also der Mensch, der die Studie durchgeführt hatte, ich weiß jetzt nicht, wie man solche Menschen nennt, die Studien durchführen, Student kann man ja wohl nicht sagen – Kinder also seien heute kaum mehr draußen unterwegs, um wild und glücklich durch die Natur zu streifen wie Tom Sawyer oder Ronja Räubertochter, sie würden vielmehr einen viel zu großen Teil des Tages sitzend verbringen, hauptsächlich vor dem PC. Dadurch würden sie, so fuhr der – der – also, Student kann man ja nicht sagen, der Studienheini aus dem Radio eben – fort, dadurch würden sie doof und dick, sozial inkompetent, nörgelig und unselbständig, mit einem Wort, die geborenen Frührentner. Das sei, so der Studienheini, eine äußerst besorgniserregende Entwicklung, die langfristig eine ernsthafte Gefahr für unser Gemeinwesen darstelle.

Nur die Ursachen für diese Entwicklung lägen noch im Dunkeln; um sie herauszufinden bedürfe es weiterer, eingehender Studien, die möglichst umgehend in Auftrag zu geben den zuständigen Stellen ein vordringliches Anliegen sein müsse. Der hernach einsetzende Schlager mit dem durchdachten Titel „Heimat is, wo i dahoam bin" veranlasste mich, das Radio abzudrehen und über das eben Gehörte nachzudenken. Man hat ja genug Zeit zum Nachdenken, wenn man vor einer roten Ampel steht. Nur führte das Nachdenken zu keinem Ergebnis. Warum, so fragte ich mich, warum zum Kuckuck, streifen Kinder nicht mehr frei und glücklich durch die Natur, sobald morgens die Sonne aufgegangen ist? Oder zumindest dann, wenn sie am Spätnachmittag aus der Ganztagsschule gekommen sind und ihre Hausaufgaben gemacht haben? Es gäbe doch wirklich genug Stellen zum Herumstreifen in unseren Ortschaften, die weiten geräumigen Monokulturen in der Flur etwa, die idyllischen Großparkplätze und natürlich vor allem die Neubaugebiete, in denen die Kinder leben und die, wie jeder Gemeinderat zu betonen nicht müde wird, besonders familienfreundlich angelegt sind. Warum also nutzen die vertrottelten Kinder diese Möglichkeiten nicht? Warum?

Ich zermarterte mir über sieben Ampelperioden hinweg den Kopf, bei der achten kam mir plötzlich ein erhellender Gedanke, aber gerade da schaltete die Ampel für mich auf Grün und ich musste die Chance nutzen. Die nächsten Minuten erforderten meine volle Konzentration, denn das Neubaugebiet, in das ich eingebogen war, war äußerst komprimiert angelegt, wie eben Neubaugebiete so sind, heutzutage: Mit ganz schmalen Straßen, die zur Verkehrsberuhigung noch mit allerlei Hindernissen gespickt sind, mit Bodenwellen und weit in die Fahrbahn ragenden Gehsteigkanten und Pflanztrögen und dergleichen mehr. Da muss man ständig wie ein Luchs auf die Fahrbahn spähen, und ehe man sich versieht, ist man schon sieben Reihenhäuser zu weit gefahren und hat sein Ziel verfehlt, sodass man am Ende gar wenden muss, und daran wollen wir in so engen Straßen gar nicht erst denken.

Bei dem ständigen Hin- und Herschauen verrenkte ich mir beinahe den Nackenwirbel, einmal fuhr ich fast in ein parkendes Moped und einmal retteten sich eben noch einige kleine Lebewesen vor meinem Wagen zur Seite. Es waren, glaube ich, Kinder, die irgendwelche Spielsachen mit sich schleppten, aber so genau konnte ich das in der Eile nicht erkennen. Und als ich nach all dem Stress endlich vor der richtigen Hausnummer zum Stehen kam, war der zündende Gedanke wieder verschwunden. So ist das Leben.

Der folgende Kundentermin trug auch nicht dazu bei, das Rätsel zu lösen. Die Kunden, ein ganz reizendes, wenngleich auch etwas erschöpftes junges Ehepaar – sie arbeiten beide voll und der Mann hat noch einen Nebenjob, um die Raten für das Haus abbezahlen zu können – planten sogar eine extra große Spielfläche für ihre Kinder ein, gleich zwischen

Carport und den Mülltonnenboxen. Es waren, ich habe es nachgemessen, fast sechs Quadratmeter, die den Sprösslingen zur uneingeschränkten Verfügung standen.

Wir planten verschiedene Spielgeräte ein, und sogar einen Bonsai, für den Naturkontakt. Das ist für die Entwicklung von Kindern sehr wichtig. Auch in den angrenzenden Gärten – man konnte noch reihauf, reihab hineinsehen – wimmelte es nur so vor Kinderspielmöglichkeiten.

Warum nutzten die Gören sie nicht, anstatt faul vor dem Computer zu kompostieren? Wahrhaftig, ich beneide die Leute nicht, die heutzutage Studien durchführen müssen.

Als ich weiterfuhr, wurde im Radio gerade wieder über eine berichtet. Diese Studie befasste sich mit der allgemeinen Einstellung Kindern gegenüber in der Gesellschaft. Der – also Herrschaftszeiten, das macht mich jetzt schon wahnsinnig, wie lautet nur diese Bezeichnung, „Studienrat" kann man ja wohl auch nicht sagen, der, der, na, dieser Studienzeisig eben, dieser also berichtete, seine Studie habe eine geradezu erschreckende Unduldsamkeit Kindern gegenüber zutage gebracht. Niemand erfreue sich mehr am Anblick der kleinen Engel, niemand an einem Kinderlachen oder -jauchzen, nur Ungeduld, Unverständnis und Abneigung. Der Studienzeisig betonte sorgenvoll, diese Entwicklung gebe zu überaus ernsthaften Bedenken über die Zukunft unseres Gemeinwesens Anlass. Um ihr zu begegnen, müssten schnellstens die Ursachen festgestellt werden, wozu weitere, eingehende Studien unerlässlich seien. Die Fortsetzung des Programms – sie bestand aus einem Schlager, der sich thematisch mit dem Begriff „Heimat" auseinandersetzte – konnte ich nicht weiter verfolgen, da ich zwischenzeitlich die Adresse erreicht hatte, wo mein nächster Termin war.

Es handelte sich um ein Doppelhaushälftengrundstück, das an zwei Seiten an andere Doppelhaushälftengrundstücke angrenzte. Die dritte Seite grenzte an einen Kinderspielplatz, der von circa sieben Kindern und etwa der doppelten Menge an Müttern bevölkert war.

Habe ich schon erwähnt, dass die Abmessungen moderner Neubaugrundstücke überaus knapp sind? Falls nicht, so sei dies hier nachgetragen, falls ja, so bitte ich den geneigten Leser um Entschuldigung für die Wiederholung. Sie erfolgte nur deshalb, weil dies zweifellos die Ursache war, dass das Kinderlachen und -jauchzen, das vom Spielplatz herüber drang, auch auf dem Grundstück meiner Kunden in überaus unmittelbarer, ja fast schon penetranter Deutlichkeit zu hören war. Das und die erziehlichen Kommentare der Mütter. Genauer gesagt: Vor allem die erziehlichen Kommentare der Mütter. Die Mütter – es waren, wie gesagt, etwa zwei pro Kind anwesend – kommentierten in meist scharfer, immer aber lauter Weise buchstäblich jeden Schritt und Tritt der Sprösslinge und versahen ihn mit allen möglichen Ermahnungen. Die Anweisung, leiser zu sein, war nicht darunter. Das bestätigten mir auch die Grundstücksbesitzer, vor allem der Ehemann. „Dieses Gebrüll haben wir tagaus, tagein", klagte er und fuhr sich nervös über das Gesicht, wobei ein Nerv unter seinem linken Auge unaufhörlich zuckte. „Ich bin Arzt im hiesigen Krankenhaus, in der Notaufnahme. Wenn ich vom Nachtdienst komme, würde ich meine rechte Hand hergeben für ein paar Stunden ungestörten Schlaf. Aber nicht daran zu denken! Als wir ein Jahr hier gewohnt haben, habe ich Klage gegen die Gemeinde eingereicht. Wir haben verloren. Das Gericht meinte, Kinder hätten ein Recht auf eine ungebremste Entfaltung ihrer Persönlichkeit und ihre Lebensäußerungen seien hinzunehmen."

Er musste husten, und das Zucken in seinem Gesicht intensivierte sich. „Der Richter sagte", fuhr er fort, als er wieder zu Atem gekommen war, „eine freie Entfaltung des Kindes gehöre zu den Menschenrechten. Und was ist mit mir? Bin ich vielleicht kein Mensch? Gehört Schlaf vielleicht nicht zu den Menschenrechten? Außerdem kommt das meiste Gebrüll gar nicht von den Kindern, sondern von den verdammten Müttern. Ich habe den Richter gebeten, was sage ich, angefleht habe ich ihn, einen Ortstermin anzusetzen und sich diesen Krach selbst anzuhören. Er hat es abgelehnt. Er meinte, allenfalls könne er ein Sachverständigengutachten in Auftrag geben, aber als Antrag stellende Partei hätte ich die Kosten vorab zu tragen. Was sollte ich machen? Die Rechtschutzversicherung hat es abgelehnt, und ich kann mir solche Ausgaben nicht leisten. Die Raten fürs Haus fressen uns die Haare vom Kopf. Wir wollten verkaufen, aber jeder Interessent, der diesen Spielplatz sieht, sucht sofort das Weite." Der Kunde hielt erschöpft inne, nur der Nerv in seinem Gesicht zuckte weiter. „Eines kann ich Ihnen sagen", schloss er, nachdem er sich etwas beruhigt hatte, „mein größter Wunsch auf dieser Welt ist, den Richter mal als Notfall auf den Tisch zu kriegen. Dann werde ich mich über ihn beugen und sagen: ‚Nun, Herr Dr. Page, das wird ein schwieriger Eingriff, bei dem sehr viel schiefgehen kann – und ich glaube, wenn ich ausgeschlafen wäre, würde meine Hand jetzt sehr viel ruhiger sein!'"

An dieser Stelle ertönte vom Spielplatz ein besonders gellendes Kinderlachen, gefolgt von einigen noch gellenderen Kommentaren der zugehörigen Mütter. Der Kunde sah hinüber, und sein zuckendes Gesicht verzerrte sich. Es ist nicht zu leugnen, dass eine erschreckende Unduldsamkeit gegen Kinder aus ihm sprach, ganz so, wie's der Studienzeisig im Radio gesagt hatte. Möglicherweise lagen sogar Unverständnis und Abneigung in seinem Blick, doch konnte ich das wegen der schwarzen Ringe um seine Augen nur undeutlich erkennen. Zum Glück wirkte nun die Ehefrau beruhigend auf ihren Mann ein und es gelang ihr, das Gespräch auf den eigentlichen Grund für meinen Besuch zu lenken.

Die Leute wollten eine schalldämmende Abgrenzung entlang des Zaunes zum Kinderspielplatz. Ich muss gestehen, dass ich mich von diesem Ansinnen etwas überfordert fühlte. Woher soll ich etwas über schalldämmende Materialien wissen? Bin ich Bauingenieur oder Gärtner? Meine Aufgabe ist es, Grün in die Gärten zu bringen, Blüten, Farbe, Leben, nicht dröge Materie, die nur Schall schluckt. Ich murmelte einige Floskeln, ich würde mich kundig machen und von mir hören lassen und dergleichen und verabschiedete mich hastig. Zum einen, weil auch ich nicht gern mit Menschen zu tun habe, die so gar kein Verständnis für Kinder haben, zum anderen, weil die Beschallung vom Spielplatz allmählich auch an meinen Nerven zerrte.

Zu allem Überfluss begegnete ich dem Thema „Schalldämmung" gleich bei meinen nächsten Kunden wieder. Es war ein älteres Ehepaar, das in einer Doppelhaushälfte lebte. Es gibt heutzutage sehr viele Doppelhäuser in deutschen Neubausiedlungen. Die Leute waren, so erzählten sie mir, nach ihrer Pensionierung aufs Land gezogen, um endlich Lärm und Hektik der Großstadt hinter sich zu lassen und Ruhe im Grünen zu finden. Dieses Ansinnen scheiterte jedoch an dem Nachbarn zur Rechten, der in seinem Garten ein Freilandterrarium errichtet hatte. In diesem Terrarium lebte während der Sommermonate eine Schildkröte, die eine kulinarische Vorliebe für knackige Salatsorten hatte, und das pausenlose Schmatzen und Kauen des rücksichtslosen Geschöpfs konnte, so versicherten mir die Eheleute, selbst den geduldigsten Menschen in den Wahnsinn treiben. Sie forderten mich auf, selbst darauf zu hören. Ich tat es, konnte allerdings kein Schmatzen oder Kauen wahrnehmen, nur ein immerwährendes Knirschen, als ob jemand mit dem Finger in einen Sack voller Murmeln greifen würde. Das sei, so erfuhr ich, ebenfalls die Schildkröte, die nun, nach beendeter Mahlzeit, zu einem Verdauungsspaziergang durch ihr Terrarium aufgebrochen sei. Der Boden sei mit Kies bestreut, der bei jedem Schritt der Schildkröte das bewusste Knirschen verursache. „Hundertmal haben wir den Kerl gebeten, das Terrarium mit einem anderen Material auszulegen", klagte der Kunde, „aber das ist, als ob man an eine Wand redet. Wie der Herr, so's Gescherr! Kein Wunder, dass die Schildkröte so impertinent ist." – Er unterbrach sich, da seine Gattin ihm die Hand auf den Arm legte und mit eindringlicher Gebärde auf das Grundstück zur Linken wies, genauer gesagt, auf die Trennwand zwischen den beiden Grundstücken, an die beiderseitig die Terrassen angrenzten. „Nicht so laut", flüsterte die Dame, „du riechst ja, Brückmanns haben sich rausgesetzt."

Tatsächlich, nun bemerkte auch ich es: Ein deutlicher Geruch nach Filterkaffee und Erdbeerkuchen drang von der jenseitigen Terrasse herüber und verriet die Anwesenheit der dortigen Bewohner, obwohl diese geradezu lautlos hinter der Trennwand Posten bezogen hatten. „Die Leute sind aus Sachsen", flüsterte mir meine Kundin ins Ohr, „die tun immer so heimlich. Man weiß ja nichts Genaues, aber es wird erzählt, sie wären drüben IMs gewesen, Sie wissen schon, und da ist man ja doch lieber vorsichtig." Ich murmelte, dass ich es wisse, und von da an führten wir das gesamte weitere Gespräch sotto voce. Wegen Brückmanns aus Sachsen, die vielleicht einmal IMs gewesen waren. Immerhin handelte unser Gespräch von so verfänglichen Dingen wie Randbepflanzungen und Sichtschutz für mehr Privatsphäre, und solche Dinge behält man doch besser für sich. Unsere geflüsterte Konversation wurde allerdings durch die Schildkröte zu unserer Rechten erschwert, die ihre Mahlzeit wieder aufgenommen hatte und deren Tischsitten wirklich sehr zu wünschen übrig ließen.

Nachdem endlich auch dieser Termin überstanden war, machte ich mich auf den Heimweg. Um auf andere Gedanken zu kommen, schaltete ich das Autoradio an und hoffte auf etwas Heiteres. Es kam aber eine Studie. Der, der, na, Sie wissen schon, er hatte über die Nachbarschaftsverhältnisse in Deutschland geforscht und war zu geradezu niederschmetternden Ergebnissen gekommen. Der Studie zufolge gäbe es kein Land, in dem ein so großer Prozentsatz der Bewohner ein so schlechtes, ja geradezu feindseliges Verhältnis zu ihren Nachbarn habe wie in Deutschland. Die Studie war, zu Vergleichszwecken, noch in drei anderen Ländern durchgeführt worden, nämlich in Australien, Kanada und Island, und überall hatte der Studienzeisig nur Solidarität, Hilfsbereitschaft und Zuneigung unter Nachbarn gefunden. Die Leute dort stünden füreinander ein und hülfen sich in jeder Situation, erzählte er. Sobald jemand ein Problem habe, brauche er nur über Funk dem Nachbarn Bescheid zu sagen, und schon stiege dieser aufs Pferd, in den Jeep oder gleich ins Kleinflugzeug und würde ihm zu Hilfen eilen. In Deutschland aber: Nichts als Missgunst, Streit und Feindseligkeit. Dieses völlig unerklärliche Phänomen gebe zu allergrößten Bedenken hinsichtlich unserer Zukunft Anlass, hieß es weiter, und nur die sofortige Durchführung weiterer, sehr eingehender Studien könne Licht in ein Rätsel bringen, das auch für einen erfahrenen Soziologen ausgesprochen erschreckend sei.

Den nachfolgenden Beitrag, einen Schlager (über Heimat, wenn ich nicht irre) hörte ich mir nicht mehr an, ich war irgendwie nicht in der Stimmung. Zwar wusste ich jetzt endlich, wie man die Menschen nennt, die Studien durchführen, Soziologen nämlich, aber die rechte Freude über diese Entdeckung wollte sich nicht einstellen. Ich fühlte mich auf unerklärliche Weise bedrückt und in meinem Kopf kreisten dunkle Gedanken und verworrene Ahnungen. Ich dachte an all die negativen Entwicklungen und ihre bedrohlichen Folgen für unsere Zukunft und hatte ständig so ein unangenehmes Gefühl, als ob ich die Ursachen dafür erkennen müsste. Dabei war das nun wirklich Unsinn. Ich bin kein Soziologe, ich bin Gärtner. Wie soll ich Probleme lösen können, an denen so viele kluge, hoch qualifizierte Menschen gescheitert sind?

Man kann da wirklich nur auf die Ergebnisse künftiger Studien hoffen.

Der rosa-graue Panther

Ich lese oft Abhandlungen über zielgruppenorientiertes Marketing. Man tut so manches um der beruflichen Fortbildung willen, was einem sonst nicht im Traum einfallen würde. Gestern war's ein Artikel über die Anlage von Gärten für Senioren.

Dem Autor zufolge sind Senioren allgemein mit Pflegefällen gleichzusetzen. Gleichzeitig betonte er aber immer wieder, die Altersgruppe 60+ sei heutzutage als Kundschaft besonders attraktiv, weil sie noch nie so fit, so aktiv und so vielseitig interessiert gewesen sei.

Das gab mir zu denken. Nicht zum ersten Mal hatte ich das Gefühl, dass man es heutzutage als alter Mensch nicht ganz leicht hat, allen Erwartungen gerecht zu werden. Als ich ein Kind war, verlangte man von der Großelterngeneration nichts weiter, als dass sie die Enkel auf den Knien reiten ließ und ihnen drollige Episoden aus den beiden Weltkriegen erzählte. Heute hingegen muss ein Senior, um sich als produktives Mitglied der Gesellschaft fühlen zu dürfen, schon im Morgengrauen in seiner nagelneuen Seniorenresidenz aus dem Bett springen; dann heißt es Kukident auf die Zähne und direkt mit dem Treppenlift zum Triathlon.

Nachmittags ist dann etwas Erholung in einem Wellnesstempel mit einem Blick in die neue Apothekenumschau gestattet, ehe es abends zur Volkshochschule geht, wo bereits Seniorenkurse in Tango-Tanzen, Kampfsport und Serbokroatisch warten.

Besonders schwierig, ja schon fast unmöglich ist das Altwerden, wenn man das Pech hat, der Showbranche anzugehören. Neulich sah ich Tony Marshall im Fernsehen; er ist jetzt 75 und wirkte auch durch die lebhaft gefärbte Dauerwelle und das figurbetonte T-Shirt nicht viel älter. Noch mehr rühren mich die Rolling Stones; es ist eine Schande, wenn alte Menschen noch so hart arbeiten müssen. Und was für eine Mühe erst die Image-Pflege macht! Es muss einen ja zermürben, wenn man allabendlich sein Hotelzimmer zertrümmern muss, auch wenn man sich viel lieber in seinen Massagesessel setzen würde. Irgendwann kommt dann der Tag, da man höchstens noch dem Zimmerservice seinen Kamillentee nachschmeißen kann, um den Ruf als raubauziges Raubein nicht ganz einzubüßen. Dann schaltet man den Fernseher ein und sieht, wie auf Kuba ein greiser Rebell mit dem Rollator eine betagte Revolution anführt und wie in „Gottschalk live" ein zauseliger Alt-Hippie zu Recht von sich sagen kann, dass er sich überhaupt nicht verändert habe.

Das alles ist sehr mühsam und zeitraubend. Wann, bitte schön, soll man da noch in einem seniorengerechten Garten sitzen?

[26]

Gebt Frauen eine Chance!

Ich habe es bisher immer vermieden, Frauen in meinem Betrieb zu beschäftigen. Nicht, dass ich irgendwelche Vorurteile gegen Frauen im Garten- und Landschaftsbau hätte, ganz im Gegenteil: Ich bin, gottlob, einer der modernsten und vorurteilslosesten Menschen, die ich kenne. Aber ich bin auch ein fürsorglicher Arbeitgeber, der Wert auf betrieblichen Frieden legt. Meine Mitarbeiter sind nun einmal etwas raue Gesellen, und sie denken über Frauen auf der Baustelle nun einmal nicht so liberal wie ich. Grobe Scherze, Anzüglichkeiten, herablassende Bemerkungen – so etwas kann sehr verletzend sein. Es wäre falsch, ja verantwortungslos, ein zartes weibliches Wesen einer solchen Tortur auszusetzen. Deshalb war ich auch alles andere als begeistert, als ein sehr guter Freund mich bat, seine Tochter für eine Woche als Praktikantin in meinem Betrieb arbeiten zu lassen. Leider konnte ich es ihm nicht abschlagen, denn er hat mir schon sehr oft einen Gefallen getan, während ich umgekehrt dazu noch keine Gelegenheit hatte, und er schämte sich leider nicht, diesen moralischen Vorteil hemmungslos für sich auszunutzen. Nun ja. Freundschaft ist offenbar auch nicht mehr das, was sie mal war.

Was seine Tochter betrifft, so hat sie gerade Abitur gemacht, was meine Bedenken noch erheblich steigerte. Natürlich habe ich gegen Abiturienten ebenso wenig Vorurteile wie gegen Frauen, aber meine Mitarbeiter denken darüber anders. Sie sind nun einmal, wie soll ich sagen, ein wenig konservativ. Aufrechte, unverfälschte Naturburschen eben, die noch ganz klar umrissene Vorstellungen haben von richtig und falsch, von rechts und links, von Frau und Mann, gewissermaßen John Waynes des Garten- und Landschaftsbaus. Zum Glück gibt es noch solche Menschen, und man muss ihre Wesensart respektieren. Nur ist es nicht immer leicht, sie an die Veränderungen heranzuführen, die unsere heutige Zeit nun einmal mit sich bringt. Ich weiß das, und ich nehme diese Aufgabe sehr, sehr ernst. Also versammelte ich meine Mannschaft um mich und bat sie in bewegten, eindringlichen Worten, für diesmal von ihren wohlerwogenen Ansichten abzurucken und dem Mädchen den Einblick in unseren Beruf nicht allzu sehr zu vergällen. Sie werde ohnehin sehr schnell merken, dass dies keine Tätigkeit für sie sei, aber diese Erkenntnis müsse man ihr, bitte schön, nicht noch zusätzlich bitterer machen.

Dank der großen Autorität, die ich bei meinen Leuten genieße, nahmen sie meine Ankündigung widerspruchslos hin, ja sie gingen sogar soweit, eine gewisse erwartungsfrohe Begeisterung vorzugeben. Aber das konnte mich nicht täuschen. Ich wusste, dass diese Woche, wenn ich nicht ständig aufpasste, zu einem Desaster werden musste.

Bei der Ankunft unserer Praktikantin bestätigten sich meine schlimmsten Erwartungen. Sie erwies sich als überaus hübsches, selbstbewusstes Mädchen, das schon rein körperlich der harten Wirklichkeit unseres Berufsalltags in keiner Weise gewachsen sein konnte. Zudem ging sie die Sache in völliger Ahnungslosigkeit an; das bewies schon die unbefangene Fröhlichkeit, mit der sie sich mit meinen Mitarbeitern bekannt machte. Sie war sichtlich völlig unvorbereitet auf das, was sie zwangsläufig erwartete. Nun, umso schlimmer. Umso härter musste die Realität sie treffen.

Um ihr den Fall zumindest etwas zu erleichtern, nahm ich meinen Vorarbeiter beiseite und schärfte ihm nochmals ein, Mona, so hieß das Mädchen, wenigstens halbwegs ohne Vorbehalte zu begegnen. Die völlige Verständnislosigkeit, mit der er reagierte, zeigte mir umgehend, dass meine Worte nicht auf fruchtbaren Boden gefallen waren. Voll übler Befürchtungen ging ich fort. Zu allem Überfluss hatte ich den ganzen Tag mit Kundenbesuchen zu tun und konnte nicht vor dem späten Nachmittag auf die Baustelle zurückkehren. Ich war mir so gut wie sicher, Mona bei Arbeitsschluss in völliger Verzweiflung wieder zu finden, nur noch von dem Wunsch beseelt, die erlittene Erfahrung so rasch wie möglich zu vergessen. Als ich gegen halb fünf zurückkehrte, glaubte ich sogar zuerst, sie habe schon das Handtuch geworfen, da sie nirgends zu sehen war. Dann aber entdeckte ich sie hinter dem Haus, wo sie eben dabei war, das Feinplanum für einen gepflasterten Sitzplatz abzuziehen. Sie gab sich unbefangen, doch als geschulter, einfühlsamer Beobachter erkannte ich natürlich sofort, wie es wirklich in ihr aussah. „Nun, Mona", fragte ich so behutsam wie möglich, „war's sehr schlimm?" „Nein, gar nicht", war die mit gespielter Munterkeit vorgebrachte Antwort. „Es hat mir einen Riesenspaß gemacht. Ist etwa schon Schluss?" „Jawohl", bestätigte ich. „Für heute hast du es überstanden. Morgen geht es weiter, aber du musst selbstverständlich nicht kommen, wenn du nicht willst. Es ist kein Zwang dabei. Du musst nichts tun, was dir nicht gefällt." „Aber es gefällt mir ja", antwortete sie. „Ich will gern wiederkommen. Am liebsten würde ich gleich jetzt noch weitermachen." Sie strahlte mich an und versuchte Heiterkeit vorzutäuschen. Offenbar wollte sie ihre wahren Gefühle nicht zeigen, sie wollte nicht zugeben, überfordert zu sein, sie wollte sich nicht unterkriegen lassen. Nun, Standhaftigkeit ist sicher, auch bei einer Frau, eine anerkennenswerte Eigenschaft, obwohl die Fähigkeit, sich realistisch den Gegebenheiten zu fügen, im Einzelfall doch sinnvoller sein mag. Zumindest hätte ich es vorgezogen, dem Trauerspiel ein zeitiges Ende gesetzt zu sehen. Aber wenn sie es durchaus nicht einsehen wollte –

Sicherheitshalber nahm ich mir gleich am nächsten Morgen nochmals meinen Vorarbeiter vor. „Ihr dürft sie nicht ständig spüren lassen, dass sie als Frau nicht mit euch mithalten kann", ermahnte ich ihn. „Wollt ihr unbedingt, dass sie sich gedemütigt fühlt? Müsst ihr denn zu Fleiß zusehen, wie sie scheitert? Versucht doch wenigstens einmal, ihr etwas zu helfen!"

„Aber sie braucht keine Hilfe", entgegnete der unsensible Tropf störrisch. „Sie macht es gut. Sie hat's voll drauf. Sie könnte jederzeit als Lehrling anfangen." Angesichts so offensichtlicher Verstocktheit schwand meine letzte Hoffnung, doch noch zu einem gedeihlichen Miteinander zu kommen, rasch dahin. Über kurz oder lang, so viel war klar, würde die ganze Meute mit ihren Vorbehalten über Mona herfallen. Sie würden sie mit Häme überschütten und ich konnte nur hoffen, im entscheidenden Moment noch rechtzeitig zur Stelle zu sein, um dem armen Geschöpf größere seelische Schäden zu ersparen.

Als ich nach einigen Terminen gegen Mittag zur Baustelle zurückkehrte, erkannte ich sofort, dass die gefürchtete Situation eingetreten war. Schon von der Straße her vernahm ich Monas dünne Stimme, wie sie offenbar vergeblich versuchte, sich Gehör zu verschaffen, und wie sie dabei von dem rohen, brüllenden, herzlosen Gelächter ihrer männlichen Kollegen übertönt wurde. Entsetzt eilte ich dem Ort des Geschehens zu und fand das arme Ding gegen die Hauswand gelehnt vor, umzingelt von meinen wiehernden, tobenden Mitarbeitern. Wenn man diese entfesselten Wilden überhaupt Mitarbeiter nennen kann. Mit einem Satz durchbrach ich ihren Ring und barg Mona vor ihrem Zugriff. „Was fällt euch ein, sie zu demütigen!", brüllte ich. „Nur weil sie eine Frau ist! Sie kann doch nichts dafür, dass sie nicht alles so kann wie ihr! Schämt ihr euch denn gar nicht?" Die chauvinistischen Monster rissen in geheuchelter Überraschung die Augen auf und taten, als wüssten sie von nichts. Es war Mona selbst, die als erste die Sprache wiederfand. „Gedemütigt, wieso gedemütigt?", fragte sie. „Ich habe den Jungs Witze erzählt. Wir haben gerade Mittagspause, und da haben wir ein bisschen Jux gemacht."

Ich war unangenehm berührt. Wie missachtet musste sich das Mädchen fühlen, wenn sie sich in ihrem Drang nach Anerkennung zu so läppischen Mitteln genötigt sah. Auf der Baustelle Witze erzählen, hat man so etwas je gehört! Ich selbst habe bei der Arbeit noch nie gelacht. Nächstens wird sie noch mit einer Faschingsnase daherkommen. Ich war sehr froh, eine weitere Eskalation verhindert zu haben. Um alle endgültig auf andere Gedanken zu bringen, sah ich mir die Pflasterarbeiten an, die während meiner Abwesenheit fertiggestellt worden waren. Zu meiner Freude hatte Gregor, mein Pflasterer, diesmal besonders vorzügliche Arbeit geleistet. So mustergültig nach der Schnur, mit so exakt gleichen Abständen hatte er noch nie gepflastert. Ich winkte Mona heran, um ihr die hohen Leistungsanforderungen in meinem Betrieb zu demonstrieren. „So sieht eine gute Pflasterfläche aus", belehrte ich sie. „So musst du es auch einmal können, wenn du in diesem Beruf bleiben willst. Das dauert viele Jahre, aber du darfst trotzdem nicht aufgeben und musst es immer wieder versuchen, bis es irgendwann doch einmal klappen wird." „Aber es klappt ja schon", sagte Gregor, der ebenfalls hinzugetreten war. „Das Stück hat die Mona gepflastert. Sie hat's echt drauf, nicht wahr?"

Ich muss zugeben, dass ich von dieser Wendung der Ereignisse etwas überrascht war. Ich ließ mir jedoch nichts anmerken und begutachtete die von dem Mädchen geleistete Arbeit. Tatsächlich, sie war nicht ganz unbegabt, obwohl noch einiges daran auszusetzen war. Vor allem der Mangel an eigenständiger Kreativität, dieses sture Pflastern nach der Schnur und mit immer gleichen Anständen bewiesen die ungeübte Hand. Aber natürlich sagte ich das nicht, um Mona nicht zu betrüben. Um ihr weitere Enttäuschungen zu ersparen, wies ich ihr für den Nachmittag eine andere Aufgabe zu, die Bepflanzung zweier großer Steintröge rechts und links des Eingangs, eine simple Arbeit, bei der selbst sie nichts falsch machen konnte.

Am nächsten Morgen musste ich allerdings feststellen, dass mir mit dieser Annahme ein unvorhergesehener Fehler unterlaufen war. Gleich bei Arbeitsbeginn trat nämlich die Frau des Bauherrn auf den Plan, eine voluminöse, überschwängliche Dame, deren offensichtlicher Mangel an Intelligenz mir bereits wiederholt aufgefallen war. Sie begann – in Monas Gegenwart! – von der läppischen Steintrogbepflanzung in einer Weise zu schwadronieren, die sich aus pädagogischen Erwägungen im Allgemeinen und in diesem Fall im Besonderen äußerst verderblich auswirken musste. „Da sehen Sie sich nur dieses zauberhafte Arrangement an!", plärrte die törichte Person und wies mit ihrem dicken Finger auf das Grünzeug in den Trögen. „So etwas Schönes! Da bekommt doch der ganze Eingangsbereich gleich ein anderes Gesicht! Sie können sagen, was Sie wollen – aber so geschmackvoll hätte das ein Mann niemals hingekriegt!" Ich schickte Mona eilends zum Auto, damit sie das sexistische Geschwätz nicht länger mit anhören musste und versuchte, durch laute Anweisungen von der peinlichen Entgleisung abzulenken. Obwohl ich mir dabei äußerlich nichts anmerken ließ, war es doch ein harter Schlag, dass meine Bemühungen um die Eingliederung des Mädchens nun auch noch von der Kundenseite so übel torpediert wurden. Warum nur, so fragte ich mich, während ich

Mona nachsah. Warum ließ man sie nicht in Ruhe? Warum musste man ihr dauernd unter die Nase reiben, dass sie kein Mann war? Wirklich, manchmal könnte man an den Menschen verzweifeln. Um den angerichteten Schaden nicht noch größer werden zu lassen, beschloss ich, das Mädchen für den Rest ihres Praktikums zum Schubkarren fahren einzuteilen. Bei einer Neuanlage gibt es immer sehr viel zu fahren. Schüttgüter rein, Abfälle und Schutt raus, da ist immer genug zu tun. Das Wichtigste war, dass sie dabei kaum Kontakt zu anderen Personen hatte und dass sie durch die intensive körperliche Arbeit vom Nachdenken abgelenkt war. Dennoch konnte ich mir nicht verhehlen, dass meine Bemühungen gescheitert waren. Es genügt eben nicht, wenn nur einer guten Willens ist, während alle anderen sich querstellen. Man muss es sich eingestehen: Die Zeit ist offenbar noch nicht reif für Frauen im GaLaBau-Gewerbe. Zweifellos musste auch Mona das erkennen, trotz aller meiner Versuche, es vor ihr geheim zu halten. Es hätte mich nicht gewundert, wenn sie ihr Praktikum vorzeitig abgebrochen hätte, aber sie führte es, eifrig Schubkarren fahrend, zu Ende und ließ auch nicht nach, als ich sie mit dem Transport von Trockenmauersteinen beauftragte. Frauen sind sehr eigensinnig. Das gilt ganz besonders für Frauen mit Abitur. Es ist nicht verwunderlich, dass Frauen in handwerklichen Berufen nicht gern gesehen sind. Ich persönlich kann das sehr gut verstehen. Daher hielt ich es für das Beste, nach Monas Abgang gegenüber meinen Mitarbeitern gar nicht mehr von ihr zu sprechen. Sollte ich ihnen Vorwürfe machen, weil sie nicht aus ihrer Haut können? Ich bin zu alt, andere ändern zu wollen.

Etwa zwei Wochen später traf ich zufällig Monas Vater wieder, der mir erzählte, seine Tochter habe am Landschaftsgärtnerberuf großen Gefallen gefunden und wolle nun endgültig diese Laufbahn einschlagen. Er fragte mich, ob ich sie als Auszubildende annehmen würde, doch das konnte ich guten Gewissens verneinen, da ich die freie Stelle in meinem Betrieb bereits besetzt hatte. Der Junge, der sie bekommt, ist ein Hauptschüler, ein prächtiger Bursche, der gut in unser Team passen wird. Er ist vielleicht ein wenig ungeschickt und, zugegeben, nicht gerade der Schlaueste, aber das kriegen wir hin. Hauptsache ist doch, dass es menschlich passt, und man muss ja auch den weniger Begabten mal eine Chance geben. Ich denke auch da sehr tolerant und liberal.

Wiederum einige Wochen später begegnete ich nochmals dem Vater dieser Praktikantin, wie hieß sie doch gleich, Meike oder Gisela oder so ähnlich, der mir berichtete, seine Tochter habe sich, da sie im Landschaftsbau keine Lehrstelle finden konnte, nun für ein Landschaftsarchitekturstudium entschieden. Ich glaube, dass diese Entscheidung richtig war. Im Garten- und Landschaftsbau hätte das Mädchen doch nur Enttäuschungen erlebt. Nicht alle Firmeninhaber sind weiblichen Mitarbeitern gegenüber so aufgeschlossen wie ich.

Wer fragt, ist selber schuld

Als ich noch ein kecker Knabe voll Wissbegierde war, fragte ich einmal meinen Vater, wie denn das Salz ins Meer komme. Mein Vater brummte, er bemerke schon seit Längerem, dass meine Aussprache nicht einwandfrei sei, ich würde zu flüchtig artikulieren und er müsse mal ein ernstes Wort mit meiner Lehrerin sprechen. Seitdem sind über 30 Jahre vergangen, aber die Jugendlichen artikulieren noch immer so flüchtig wie ehedem.

Das bringt natürlich auch unsereinen ins Schwitzen. Was tut man, wenn der Lehrling eine Frage hat, auf die man die Antwort – natürlich! – weiß, aber sie will einem im Moment nicht einfallen? In meiner Kindheit hatten die Meister da eine sehr zufriedenstellende Standardantwort: „Willst a Trumm Schelle?" Heute aber traut sich das keiner mehr, wir sind schon alle so liberale Scheißer, die immer über alles sprechen wollen. Was also tut man, wenn der siebengescheite Knilch von Azubi mit impertinentem Grinsen auf eine Wissenslücke seines Ausbilders lauert? Es gibt mehrere Möglichkeiten.

Da wäre als Erstes die Pädagogenvariante, bei der die Frage etwa folgendermaßen fortgelobt wird: „Das ist gut, dass du fragst – das gefällt mir. Das beweist Interesse und eigenständiges Denken. Weiter so! Da werde ich gleich einen lobenden Eintrag über dich machen."

Im Gegensatz dazu steht die rustikale Tadelvariante: „Das weißt du nicht? Im zweiten Lehrjahr? Ja, Herrschaftszeiten! Lernst du denn gar nichts, du Hundskrüppel, du elender, zammkrümpfeln könnt ich dich, jawohl, so eine Schande ist das mit dir! Aus den Augen, Trottel, bevor ich meine Ruhe verliere!"

Weniger spektakulär, aber dafür umso souveräner wirkt die Professorenvariante: „Das ist ein sehr komplexes Thema. Selbst wenn ich es dir erklären würde, du würdest es nicht verstehen."

Ganz ähnlich funktioniert die sogenannte „Schnöselattitüde", bei der man von oben herab – kleinwüchsigen Ausbildern sei hier die Benutzung einer Trittleiter empfohlen – den neugierigen Frager abblitzen lässt: „Eine so triviale Frage ist mir nun wirklich zu banal. Wenn du deinen Kopf einmal auch zum Denken und nicht nur zum Frisieren benutzt, wirst du zweifellos selber draufkommen."

Wenig überzeugend, dazu zänkisch und antiquiert wirkt das traditionelle: „Bezahle ich dich fürs Arbeiten oder fürs Schwätzen?" Das wollen wir nicht mehr hören!

Mein persönlicher Favorit ist die „Ruhrpottvariante", die nicht nur immer passt, sondern auch eine herrliche kulturelle Resignation verrät: ein melancholischer Blick. Ein tiefer Seufzer. Und die Antwort: „Dat willz du gar nich wissen."

Die Majuskelinvasion

Im Oktober 2011 verfasste der aus Veröffentlichungen in verschiedenen Fachorganen bekannte Botaniker Dr. Tannenbaum für die renommierte Zeitschrift „Gartenwissen" einen ausführlichen Artikel über die Kultur kalkliebender alpiner Polsterstauden. Als er damit fertig war, übergab er das Manuskript seiner langjährigen Mitarbeiterin, Frau Blum, zum Abtippen und las anschließend den Computerausdruck Korrektur. Dabei entdeckte er, dass der bewährten Kraft ein harmloser Flüchtigkeitsfehler unterlaufen war: Sie hatte das Wort „Gattungen" versehentlich klein geschrieben. Dr. Tannenbaum machte infolgedessen einen entsprechenden Vermerk in den Korrekturausdruck und da das fragliche Wort ganz am Anfang der Zeile stand, schrieb er den Hinweis „Majuskel" davor und verband ihn durch einen Pfeil mit den klein geschriebenen „Gattungen". Dann legte er – es war Freitagabend – den Ausdruck auf Frau Blums Schreibtisch und entfernte sich eilig, denn er war bei Giesebrechts zum Abendessen eingeladen und hatte sich schon verspätet.

Als Frau Blum am Montagmorgen im botanischen Institut erschien, nahm sie sogleich den Korrekturausdruck zur Hand und entdeckte Dr. Tannenbaums Vermerk. Wie es nun zuging, ob Frau Blum, eine außerordentlich viel beschäftigte Kraft, an diesem besonderen Tag etwas unaufmerksamer war als sonst oder ob gerade der spezielle Begriff „Majuskel" in ihrem ansonsten zweifellos reichhaltigen Wortschatz nicht enthalten war, wird sich im Nachhinein nicht mehr klären lassen. Tatsache ist jedenfalls, dass Frau Blum aus diesem oder jenem Grunde oder eben überhaupt das Wort „Majuskel" – übrigens korrekt groß geschrieben – dem Wort „Gattungen" voransetzte und den solcher Art korrigierten Artikel unverzüglich an die Redaktion der renommierten Zeitschrift „Gartenwissen" weiterleitete.

Seltsam und unergründlich ist oft der Gang der Dinge. So manche Entwicklung nimmt ihren ganz unerwarteten Lauf, weil der blinde Zufall es so will. An diesem Montagmorgen wollte es der blinde Zufall, dass ein gewisser Herr Schnoor den Posten des Chefredakteurs des „Gartenwissen" übernahm und zu seinem allerersten Arbeitstag in der Redaktion erschien. Sein Vorgänger, ein Herr Stanislaus Mälzer, ein gewissenhafter, ja kniefisliger Mensch, hatte 37 Jahre lang immer alles richtig gemacht, und es lässt sich denken, dass dieser Umstand geeignet war, Herrn Schnoor in eine gewisse Nervosität zu versetzen.

Der unter der Last des allgemeinen Erwartungsdrucks taumelnde Chefredakteur las also den Artikel von Dr. Tannenbaum und fühlte seine ärgsten Befürchtungen wahr werden, als er gleich auf der ersten Seite einem Begriff begegnete, den er nicht kannte. Er war zwar zwei Jahre lang an einer wissenschaftlichen Einrichtung tätig gewesen, aber von einer „Majuskelgattung" hatte er noch nie etwas gehört. Er schlug daher den Begriff in einem

Standardwerk für botanische Systematik und Nomenklatur nach, wurde aber auch dort nicht fündig. Ganz offensichtlich, so folgerte Herr Schnoor, hatten die Autoren den Begriff „Majuskelgattungen" als dem elementaren Grundwissen eines jeden Botanikers zugehörig erachtet und seine Erläuterung daher für überflüssig gehalten. Der überforderte junge Mann durchforstete sämtliche in seinem Büro befindlichen Nachschlagewerke sowie das Internet nach dem vertrackten Wort, erlebte aber auch dort nur Fehlschläge. In heller Aufregung nahm Herr Schnoor Zuflucht zu seiner letzten Hoffnung, einem 1983 in einem Leipziger Verlag erschienenen Konversationslexikon, das ihn noch nie im Stich gelassen hatte und das er stets mit sich führte.

Leider war das betreffende Lexikon jedoch ein typisches Produkt seiner ehemaligen ostdeutschen Heimat, das heißt, es war zwar vorzüglich gebunden, doch von einer eher mäßigen Papierqualität. Als der unglückliche Chefredakteur mit zitternden Fingern die richtige Seite aufgeschlagen hatte, musste er zu seinem Entsetzen feststellen, dass die Seite, auf der der alphabetischen Reihenfolge gemäß das gesuchte Wort hätte stehen müssen, fehlte. Der nächste folgende Begriff war bereits „Maulwurf", der mit den Worten „a) wörtl. Bedeutung: Schwarzpelziges, im Untergrund tätiges Tier aus der Familie der Insektenesser, b) (übertragen): subversives kapitalistisches Element, das unter falscher Identität zum Zwecke der Spionage oder Sabotage in volkseigene Einrichtungen eingeschleust wurde" erläutert war.

Von diesem unerwarteten Schicksalsschlag zerbröselt, versah Herr Schnoor den Artikel mitsamt den Majuskelgattungen mit dem Vermerk „druckreif" und leitete ihn an die Redaktionsassistentin, eine Frau Jablonski weiter.

Frau Jablonski, der auch die Suche nach eventuell vom Chefredakteur übersehenen Fehlern oblag, entdeckte mit Befremden den ihr völlig neuen Begriff „Majuskelgattungen". Da sie Dr. Tannenbaum von früheren Veröffentlichungen her kannte, erschien es ihr unwahrscheinlich, dass der dem Schwelgen in Fachbegriffen bekanntermaßen abgeneigte Botaniker ein so geschwollenes Wort verwenden sollte. Herr Schnoor hingegen war ihr durch seinen Hang zum Fachchinesischen schon mehrfach unangenehm aufgefallen, und Frau Jablonski vermutete sogleich, dass der ominöse Begriff von ihm stammte. Das passte, so fand sie, so recht zu diesem profilierungssüchtigen jungen Menschen, der sich bei jeder Gelegenheit über sie erheben und mit seiner wissenschaftlichen Vorbildung hervortun musste. Sie, Solveig Jablonski, würde jedenfalls nicht seiner Grünschnäbelei Vorschub leisten, indem sie ihre Unwissenheit zugab und ihn nach der Bedeutung des Wortes „Majuskelgattungen" fragte. Herr Mälzer, den sie seit seinem Weggang ebenso tief verehrte wie sie ihn zuvor 37 Jahre lang verabscheut hatte, war mit ihren fachlichen Kenntnissen immer zufrieden gewesen, da brauchte nicht so ein siebengescheiter Zonenschnösl ihr neue Wörter zu lernen, und überhaupt, da könnte ja jeder kommen und wo samma denn.

Und so gab Frau Jablonski kurzerhand und ohne weiter zu zögern die Majuskelgattungen in den Druck.

Und was geschah? Was, frage ich, geschah? Geschah es, dass die Leser beim Lesen des Wortes „Majuskelgattungen" Verwunderung, Unsicherheit, ja Befremden empfanden? Dass sie Leserbriefe mit der vorwurfsvollen Frage schickten, was denn eine Majuskelgattung sei und was es damit auf sich habe? Wer so fragt, hat die menschliche Natur nicht verstanden. Denn die renommierte Zeitschrift „Gartenwissen" war eine Fachzeitschrift und wurde infolgedessen von Fachleuten gelesen und Fachleute wundern sich nicht. Niemals nicht. Das ist ihrer unwürdig. Ihnen ist auch nichts neu oder unbekannt, denn Fachleute wissen schon alles. Warum sie dann noch Fachzeitschriften lesen, wollt Ihr wissen? Eben um sich selbst zu bestätigen, dass sie schon alles wissen. Sie lesen einen Artikel, nicken herablassend und sagen: „Sehr schön. Das hab ich auch schon alles gewusst." Das ist ihnen eine große Befriedigung und eine von Herzen liebe Gewohnheit. Es gibt schlechtere Gewohnheiten.

So gab es also keine Anfragen zu dem Wort „Majuskelgattungen". Es gab auch keine Kommentare dazu. Es gab lediglich die ominöse Erscheinung, dass von da an regelmäßig und immer häufiger in Veröffentlichungen in diesem oder jenem Zusammenhang das Wort „Majuskel" auftauchte. Es begann mit einer balkendicken Überschrift „Neue Majuskelsorten bei Roggen und Gerste" in der Agrarzeitschrift „Acker plus", gefolgt von einer Abhandlung des bekannten Kinderpsychologen Dr. Ansgar Sölgenmösel mit dem Titel „Majuskelneurosen bei Vorschulkindern sowie deren wichtigste Majuskeltherapieansätze". Das Wirtschafts- und Unternehmermagazin „Impulse" titelte „Die wichtigsten Majuskelmärkte in Osteuropa" und der Vorsitzende des Bundes der Heimatvertriebenen, ein Herr Peschke, wandte sich in einer scharfen Glosse gegen die feindselige Haltung gewisser Majuskelkreise in der Gesellschaft. Der beliebte Schlagersänger Hellwig Becker landete mit dem Lied „Molly, mein Majuskelmädel" einen Riesenhit, die Filmfirma Metro-Goldwyn-Majuskel-Mayer (ehemals Metro-Goldwyn-Mayer) verdiente Millionen mit der Tolkien-Neufassung „Der Herr der Majuskelringe" und in der Elektronikbranche erzielte eine neue, umfassende Majuskelsoftware bahnbrechende Erfolge.

Ausgerechnet an dem Tag, an dem die Bundesregierung bekannt gab, dass die Ressorts Verbraucherschutz und Gesundheit zu einem neuen Majuskelministerium zusammengefasst werden sollten, kam es indes zu einem ebenso unerwarteten wie garstigen Zwischenfall: Ein Herr Strauch aus Gerolzhofen schrieb in einer überregionalen Tageszeitung einen galligen Leserbrief, in dem er über die ständige Verwendung des Wortes Majuskel herzog. Er war – nun, was wird er schon gewesen sein? – ein pensionierter Lehrer natürlich. Man kennt diese Leute. Zänkisch, nörgelig, rechthaberisch. Es kommt nicht von ungefähr, dass man Lehrer nicht mag, das muss mal ganz offen gesagt werden. Dieser kleinkarierte Querulant ereiferte sich also weiß Gott wie heftig gegen das Wort „Majuskel", prangerte dessen häufige Verwendung als neuen Höhepunkt sprachlicher Verblödung an und behauptete gar – man stelle sich vor! –, diesen allgemein bekannten, buchstäblich jedem Kind vertrauten Begriff würde es in dieser Form eigentlich gar nicht geben.

Der Brief war, alles in allem, eine peinliche Entgleisung, über die man jedoch, wäre es dabei geblieben, großmütig hinweg gegangen wäre. Besagter Herr Strauch beließ es jedoch nicht dabei. Von nun an stänkerte er überall und bei jeder sich bietenden Gelegenheit gegen das Wort Majuskel, stur und unausstehlich, wie eben nur ein pensionierter Lehrer sein kann. Natürlich blieb das nicht ohne Folgen. Er ging damit allen auf die Nerven, der Majuskelanteil seiner Bekannten begann ihn zu meiden, doch wie das bei derlei Charakteren so ist: Das alles machte ihn nur noch stieseliger und hartnäckiger. Er wurde langsam unerträglich. Das Maß war voll, als er es – man weiß nicht genau, wie – in die Talkshow „Sandra Majuskel-Meischberger" schaffte, wo er dermaßen herumschwadronierte, dass seine Frau die Peinlichkeit nicht mehr länger ertragen konnte und die Scheidung einreichte.

Bei der Majuskelverhandlung vor dem Amtsgericht fiel der Besessene so aus der Rolle, dass der Richter ihn wegen ungebührlichen Verhaltens in Gewahrsam nehmen ließ und einen Gutachter beauftragte, über die Geistesverfassung des Herrn Strauch ein Majuskel-Gutachten zu erstellen. Der Gutachter kam zu dem Schluss, dass bei Herrn Strauch eine zwanghafte Majuskelneurose mit Wesensveränderungen möglicherweise gemeingefährlicher Art vorliege und empfahl dringend die Einweisung in eine geschlossene Therapie. Herr Strauch wurde in das Klinikum von Professor Dr. Dr. Unselm-Hausbeck, einem international anerkannten Spezialisten für psychiatrische Majuskelstörungen, überstellt. Dieser renommierte Fachmann hielt, trotz der sehr negativen Prognosen, Herrn Strauch nicht für einen unheilbaren Fall; er gab vielmehr der Hoffnung Ausdruck, dass eine vollständige Heilung des Patienten möglich sei.

Und tatsächlich: Schon nach wenigen Monaten in Prof. Dr. Dr. Unselm-Hausbecks kundiger Obhut besserte sich Herrn Strauchs Zustand. Sein angegriffener Geist genas, er fand den Weg hinaus aus den Fängen der Zwangsvorstellung, die ihn so lange geknechtet hatte, er wurde wieder offen für Neues und den schönen Dingen der bunten Majuskelwelt zugetan. Er entdeckte in der Therapie seine Liebe zur Botanik. Das förderte seine Genesung ungemein und Anfang Mai wurde er als geheilt entlassen. Er fing ein neues, erfülltes Leben an, zog aufs Land, heiratete ein herrliches Weib und widmete sich mit solchem Erfolg seiner neuen botanischen Leidenschaft, dass bald auch die Fachwelt auf ihn aufmerksam wurde.

Schließlich wurde ihm die Ehre zuteil, dass man seiner Verdienste wegen eine neue Majuskelgattung nach ihm benannte.

Volkes Stimme

Als ich letzten Mittwoch in der Stadt unterwegs war, zwang mich ein plötzlich einsetzender Platzregen zum Betreten einer Buchhandlung. Nachdem ich meine anfängliche Beklommenheit in der ungewohnten Umgebung überwunden hatte, sah ich mich vorsichtig um und entdeckte an einem der offenbar nach Sachgebieten bestückten Regale ein Schild mit der Aufschrift „Gartenliteratur".

Das machte mich neugierig. Ich trat hinzu und entdeckte alsbald einen großformatigen Bildband mit dem Titel „Zeitgenössische Gartenarchitektur". Ich nahm ihn an mich, schlug ihn auf und, da niemand etwas dagegen zu haben schien, begann ich darin zu blättern. Der Inhalt kam insofern den Bedürfnissen eines modernen Menschen entgegen, als er nur sehr wenig Text enthielt, dafür aber umso mehr ganzseitige Hochglanzaufnahmen, die als Beispiele für zeitgenössische Gartenarchitektur die Werke zeitgenössischer Gartenarchitekten zeigten. Einen Moment lang wäre ich allerdings fast dem Irrtum erlegen, es sei nur ein einziger zeitgenössischer Gartenarchitekt, aber die Bildunterschriften bewiesen eindeutig das Gegenteil.

Die Bilder selbst zeigten sehr viel Stahl und Beton – die Bildunterschriften sprachen von „noblem Grau" – sehr viele rechteckige Holzdecks, die, so die Bildunterschriften, „zum Verweilen einluden", und sehr viele rechteckige Formen, die die Bildunterschriften als „klare Linienführung" titulierten. Wie den Bildunterschriften weiter zu entnehmen war, war jedes dieser zeitgenössischen Werke „geprägt von der unverwechselbaren Handschrift seines Schöpfers". Während ich mich noch bemühte, diese unverwechselbaren Handschriften zu entziffern, wurde ich plötzlich durch ein empörtes Schnauben zu meiner Rechten, das wie das Niesen eines Nashorns klang, aufgeschreckt. Wie sich zeigte, kam es von einem untersetzten Herrn Mitte 50, der, von mir unbemerkt, hinzugetreten war und mir über die Schulter spähte.

„Klare Handschriften zeitgenössischer Architektur!", schnaubte der Untersetzte. „So ein Schmarrn! Regietheater ist das, nichts anderes!" „Wieso Theater?", fragte ich ein wenig verwirrt. „Das ist ein Buch über Gartengestaltung."

„Na und?", schnaubte der Herr neben mir, und es klang noch immer wie ein niesendes Nashorn. „Gartengestaltung, Architektur, Theater, Fernsehen – alles eins. Alles Regietheater! Wissen'S, was heutzutag das einzige Ziel von den Herren Architekten und Regisseuren ist?" „Nicht genau", musste ich zugeben. „Auffallen wollen's!", trompetete mein Gesprächspartner. „Auffallen, sich aufmandeln und im Mittelpunkt stehn! Dieser ganze Regieschmarrn mit Müll auf der Bühne und Lohengrin im U-Bahnschacht und die Schauspüler als Ratz'n kostümiert – alles nur, um aufzufall'n! Und im Fernsehen is grad dösselbe! Wann a Fülm scho' so o'fangt, mit so aner abseitigen Fülmmusik und verzerrter Kameraeinstellung und blassblauem Liacht, und die Leut' hatschen alle so tramhapert umanand', wie wann's b'suffa warn, und die Figuren san alle pädophil und pervers und varruckt, und dös G'wasch, was's red'n, is' net zum Anhör'n, wann ma's überhaupt noch versteht vor lauter Fülmmusik – dös is' alles nur, damit der Zuschauer koan Moment lang net vergisst, wer der Regisseur ist!"

Der empörte Herr hielt inne, um Atem zu schöpfen, und ich nutzte die Gelegenheit, ihn mir etwas genauer anzusehen. Er trug einen etwas abgeschabte dunkelblauen Anorak, der an den Knöpfen merklich spannte, dazu einen leicht verbeulten Hut, und sein rotes Gesicht zeigte den Ausdruck biederer Rechtschaffenheit. Alles in allem schien er ein aufrechter, unkomplizierter Mann aus dem Volke zu sein, vielleicht ein Handwerksmeister, vielleicht ein kleiner Beamter, schlicht, unverdorben, geradlinig – ein Mann mit klaren Ansichten, die er unverblümt zu äußern gewohnt war.

„Früherszeit", fuhr er nun fort seine klaren Ansichten unverblümt zu äußern, „früherszeit hat man g'sagt, a Regie is dann gut, wenn ma's gar net bemerkt! Vastenga 'S? Da stand das Werk im Vordergrund, net der Hansl, der's zufällig inszeniert hat!" „Das mag ja alles sein", entgegnete ich, „Aber was hat das mit Gartengestaltung zu tun? Sie sprechen doch dauernd von Film und Theater!" „Ja, sehn'S dös denn net?", erboste sich der Mann aus dem Volke. „Das is doch akkurat dösselbe! Es geht nimmer um den Garten, nimmer um die Leut' denen er g'hört, nur noch um den Architekten und seine spinnerten Ideen! Da schaun'S nur mal dös Foto an, des'S da grad aufg'schlagen haben! A Südhang ohne a Fleckerl Schatten; aber überall Kies und Beton, der sich aufhoazt! Wolln'S da drin leben, im Hochsommer, bei 38° und an ganzen Tag Sonne? Wollen'S dös? Kennen'S des Buch von Agatha Christie „Halloweenparty?" „Nein, leider." – „In dem Buch is' der Mörder a Gartenarchitekt, der davon tramt, a ganze Insel in an Landschaftsgarten zu verwandeln. A genialer Mensch is' dös, alle bewundern's seine Gärten, und wissen'S warum? Weil er Gärten schafft, die so ausschaun, wie wann's natürlich g'wachsen warn – alles bewusst platziert, vastenga'S, aber im Aussehn wia perfekte Natur, wia a Gemölde von Monet, und darauf is der Mensch stolz, dass er Gärten komponiert, die den Eindruck erwecken, es hätt' gar nia net an Gartenarchitekten geben. Und was hamma mia? Da is der Garten nur die Projcktionsfläche für Herrn B.d.L.A. von und zu Profilneurotiker, der sich selber darstellt!"

„Aber meinen Sie nicht", wandte ich zaghaft ein, „dass Sie das vielleicht etwas zu einseitig sehen? Die Vorstellung vom Garten ist eben vielfältig – ich meine, das ist eine Frage der intellektuellen Auffassungen." „Geh'n S', hören' S' mir doch damit auf!", schnob der Mann aus dem Volke. „Intellektuöll, wenn i' des scho' hör'! Wo san denn die intellektuöll, diese FH-Grattler, die sich am zwaten Büldungsweg allweil no zehnmal verfahrn, bevor dass s' irgendwo hinkemma! Dös is' doch ohne jede Originalität, alles nur Schaumschlägerei!"

Der Mann aus dem Volke entriss mir in seiner Verbitterung das Buch, blätterte ein wenig und stieß mit seinem dicken Zeigefinger auf eine Stelle ein, als wolle er die Seite harpunieren. „Da hör'n S' nur diesen Schmarrn an!", ereiferte er sich. „A nobles Grau! Seit wann hat denn a Farb' an Charakter? Als nächstes kriag'n mir dann a streitsüchtig's Blau, a strebsames Grün und a zimperliches Rosa! Und a neidig's Gelb obendrein! Oder da – ‚klare Linienführung' – so a Krampf, a Linie kann grad' oder g'schwungen oder von mir aus im Zickzack sein, aber klar is's immer, sonst war's koa Linie net, sondern a fließender Übergang! Wann aner unklare Linien siehgt, dann soll er zum Optiker gehn." Der Mann aus dem Volke schloss das Buch mit einem Knall, gab es mir zurück und zog ein bunt kariertes Taschentuch heraus, in das er gleich einem finalen Trompetenstoß hinein schneuzte. „Nix für unguat", knurrte er dann, „aber dös muass auch amal g'sagt wern! Habe die Ehre!" Er wandte sich ab und ging mit festen Schritten davon.

Ich selbst legte leicht beklommen die „Zeitgenössische Gartenarchitektur" an ihren Platz zurück und wollte dann ebenfalls gehen. Dabei fiel mein Blick auf ein Kärtchen, das dem Mann aus dem Volke ganz offensichtlich beim Zücken seines Taschentuches aus der Tasche gefallen war. Ich hob es auf. Es war eine Visitenkarte und sie trug den Aufdruck:

Prof. Dr. Dr. Kilian Zirngiebel

Kunsthistoriker-ö. b. v. Sachverständiger

Impressionen einer Landesgartenschau

Bei der Eröffnung einer Landesgartenschau – ich weiß leider nicht, wo es war, aber das ist auch ohne Bedeutung – geschah letztes Jahr etwas überaus Sonderbares. Es begab sich nämlich, dass plötzlich Karl Foerster, Gertrude Jekyll und Lancelot Brown unter den Gästen erschienen. Niemand weiß, wie es zugegangen war, aber nun waren sie da und sahen die Exponate der verschiedenen Aussteller an. Da gab es den „Garten im Fluss", ein Exponat des Planungsbüros „Avant-Gart-ideas", eine Fläche aus weißem Marmorkies, durch die sich in Mäandern ein Wasserlauf schlängelte. Der Wasserlauf bestand allerdings nicht aus Wasser, sondern aus blauen Glasscherben, die im Sonnenlicht glitzerten und funkelten.

Da gab es den „Blätterwald" des international renommierten Landschaftsarchitekten Dr. Giselmund Schaumschläger, der aus Aluminiumstangen verschiedener Stärken und Höhen errichtet war. An den Aluminiumstangen hingen bunte Plastikstreifen, die im Wind fröhlich raschelten. Von diesem Rascheln konnte man sich, wenn man's durchaus wollte, an das Rauschen von Blättern erinnert fühlen.

Es gab den „Garten in Rot", eine Anordnung unterschiedlich geformter Sonnensegel, die, wie's der Name schon sagt, samt und sonders rot waren.

Es gab ein Exponat mit dem Titel „Halt inne und verweile", das aus einer halbkreisförmigen Anordnung von Metallgestellen bestand, deren Form vage an Stühle erinnerte. Dazwischen lagen weiträumige Schotterflächen. Auch einzelne Pflanzen waren vorhanden, doch sie störten nicht weiter. Ein kleiner Hund kam des Weges, suchte vergebens nach einem Baumstamm und nahm schließlich eine der Stangen des „Blätterwaldes". Kleine Kinder nölten: „Papi, ich will heim", und wurden gebührend gescholten. Ein voluminöses Touristenehepaar aus Wien blieb bei „Halt inne und verweile" stehen. Der Mann, des Laufens müde, ließ sich auf einen der „Stühle" fallen und krachte sofort damit zu Boden. „Scheißdreck!", schrie er, „dös soll a Sessel sein? No ja, ka' Wunder, dass in der EU kaner die Piefke gern hat!" Leicht benommen rappelte er sich auf und suchte mit seiner Gattin das Weite.

Gertrude Jekyll wandte sich an ihre Gefährten: „All this seems somewhat peculiar", sagte sie, „what is your opinion?" „Oh, I see great capabilities", sagte Brown. „Once they 've removed all the bulky goods, they can create something really attractive." „They could", meinte Gertude Jekyll zweifelnd, „but I do not really think they will."

Karl Foerster knurrte etwas auf Deutsch, was die beiden anderen nicht verstanden. Dann verschwanden die drei, ohne dass jemand sie vermisst hätte. Schließlich war man auch bei den Planungen und Vorbereitungen sehr gut ohne sie ausgekommen.

Do it yourself, but do it

Der Zeitpunkt ist gekommen, da ich nicht länger umhin kann, einen weiteren Mythos über uns Berufsgärtner zu zerstören: Wir sind gar nicht so selbstlos und idealistisch, wie allgemein angenommen wird. Wir leben nicht von Sonnenlicht und Wasser wie unsere Pflanzen, wir arbeiten nicht für Gottes Lohn, ja, wir sind noch nicht einmal so weltfremd und trottelig, uns mit einem Trinkgeld zu begnügen. Wir verlangen Geld für unsere Arbeit, und zwar umso mehr, je mehr wir leisten müssen. Wir sprechen nur nicht gern darüber. Denn obwohl wir Geld und Gold und Diamanten grenzenlos lieben, schämen wir uns im Innersten, dass wir so materialistisch veranlagt sind, während alle anderen Leute alles aus reiner Opferbereitschaft tun.

Das erklärt, warum so viele Kunden peinlich berührt sind, wenn bei der Planung eines Gartenprojekts der finanzielle Aspekt ins Spiel kommt. Vor allem junge Familien, die gerade neu gebaut haben und deren Konto sich chronisch auf dem Stand von „Rufen Sie bitte möglichst bald Ihre Bank an und sprechen Sie mit Herrn Wisshofer" befindet, haben unter unserer Maßlosigkeit zu leiden.

Da kann es schon vorkommen, dass die Umwandlung einer von Baumaschinen verwüsteten Kraterlandschaft in ein kleines Giverny sich nicht restlos verwirklichen lässt. Jedenfalls nicht, wenn eine Gartenbaufirma sie vollziehen soll.

Zum Glück gibt es einen Ausweg aus diesem Dilemma: Man greift einfach auf die auch in anderen Lebensbereichen bewährte Methode des Do-it-yourself zurück.

Der Gartenplaner, in der realistischen Erkenntnis, dass ein kleiner Auftrag immer noch besser ist als gar keiner, versieht gegen einen maßvollen Aufpreis seine Planung mit einer „Ausführungsanleitung für Selberbauer", die junge Familie, meist die Ehefrau, lässt ihren phantasievollen Wünschen freien Lauf und ebenfalls der jungen Familie, überwiegend dem Ehemann, obliegt es, das ganze in die Realität umzusetzen. Das geht ganz leicht, indem er einfach feierabends, wenn er von der Arbeit zurück ist, seiner Frau angemessen im Haushalt geholfen und selbstverständlich auch seine Vaterpflichten nicht vernachlässigt hat, in den Garten strebt und dort leise trällernd all die Tätigkeiten verrichtet, die andernfalls für teures Geld eine GaLaBau-Kolonne in ganztägigem Einsatz und unter Zuhilfenahme von allerlei größeren Maschinen durchgeführt hätte.

Es gibt keinen jungen Ehemann, der über dieses Arrangement nicht herzlich erfreut wäre. Die abendliche Betätigung im Freien tut ihm gut, sie hat so etwas Meditatives und verschafft ihm jenen Ausgleich, der ihm in der hektischen, kopflastigen Arbeitswelt von heute bis dahin verwehrt geblieben ist.

Und auch der Gärtner ist zufrieden, dass auf diese Weise seine Pläne doch noch verwirklicht werden, anstatt ungenutzt in einer

Schublade zu vergilben. Nur ein Wermutstropfen trübt sein Glück: Dass es ihm, bei weiter entfernten Aufträgen, meist nicht vergönnt ist, das Gedeihen des Projekts selbst mitzuerleben.

Deshalb freute ich mich ganz besonders, als ich von der jungen Familie Schacklgruber mit einer Gartenplanung beauftragt wurde. Die Schacklgrubers, reizende Leute mit drei Kindern und einer Sollseite auf dem Konto, die etwa der eines EU-Landes entsprach, wohnten direkt im Nachbarort. Hier würde ich nun endlich einmal Gelegenheit haben, die engagierte Umsetzung meiner Pläne durch ebenso engagierte Bauherren aus der Nähe zu verfolgen.

Frau Schacklgruber, eine musisch vielfältig begabte Dame und auch der Natur zugetan, brachte sich bei den Planungsgesprächen in vorbildlicher Weise ein und befruchtete unser Konzept durch zahlreiche Ideen. Von ihr stammte auch der Einfall, das nicht eben übermäßig große Grundstück durch Terrassierung in verschiedene Ebenen in mehrere Gartenräume zu gliedern. Wir kamen überein, das durch Trockenmauern zu tun, die, gleichsam als Leitmotiv des Gartens, eine gleichzeitig gliedernde und verbindende Wirkung haben würden.

Um das, wie bereits erwähnt, knappe Budget etwas zu entlasten, schlug ich vor, statt genormter Mauersteine Wasserbausteine zu verwenden, die nicht nur preiswerter sind, sondern auch durch ihre unregelmäßige Form ein abwechslungsreicheres Fugenbild schaffen. Sie stellen zwar etwas höhere handwerkliche Anforderungen an den Erbauer der Trockenmauer, doch Frau Schacklgruber betonte, das mache rein gar nichts, denn ihr Mann sei ganz begeistert von dem Projekt und sehe seiner Tätigkeit als Trockenmaurer bereits voller Vorfreude und Ungeduld entgegen.

Da er bislang auf keinerlei praktische Erfahrungen mit der Errichtung von Trockenmauern zurückgreifen konnte, vereinbarten wir, dass ich ihn zu einem terminlich noch festzulegenden Zeitpunkt in die Kunst des Trockenmauerns einweisen würde. Der Vollständigkeit halber sei an dieser Stelle eingefügt, dass ich Herrn Schacklgruber bis dahin nur einmal kurz begegnet war. Er war ein sympathischer, wenngleich etwas müde wirkender junger Mann von eher schmächtiger Statur und stiller, zurückhaltender Wesensart. Letztere mochte wohl auch der Grund dafür sein, dass mir als Außenstehendem seine Begeisterung für die Sache bislang verborgen geblieben war. Da sieht man wieder mal, wie leicht man einen Menschen falsch einschätzt!

So bestellte ich also für die Schacklgrubers 20 Tonnen Wasserbausteine, die am Grundstücksrand abgeladen wurden und einen eindrucksvollen Wall bildeten. Gleich in der darauffolgenden Woche vereinbarten wir den vorgesehenen Schulungstermin für Herrn Schacklgruber, doch dann kam unerwartet etwas dazwischen.

Am Montag hätte Herr Schacklgruber seine Einweisung erhalten sollen. Am Donnerstagabend rief Frau Schacklgruber an und teilte mir mit, ihr Mann sei unvermutet zu einer beruflichen Fortbildung beordert worden, die ihn leider zwänge, den Termin zu verschieben. Doch würde er sich, sobald die Fortbildung beendet sei, um einen Ersatztermin bemühen.

Das war im September. Anfang Oktober traf ich Frau Schacklgruber zufällig bei einer regionalen Veranstaltung. Sie erzählte mir, ihr Mann habe die Fortbildungsmaßnahme inzwischen erfolgreich abgeschlossen, doch leider hätten sich bei einem ihrer Kinder, das zum Schulbeginn auf das Gymnasium gewechselt sei, unversehens Lernschwierigkeiten in einigen Fächern, hauptsächlich in Sprachen und Mathematik, ergeben, und Herr Schacklgruber sei daher gezwungen, seine Feierabende einstweilen der schulischen Förderung des kleinen Schwachkopfs zu widmen. Man sei jedoch zuversichtlich, dass dieser Zustand nur vorübergehenden Charakter haben werde, und sobald das Kind den Anschluss wieder gefunden hätte, stünde dem Beginn der Mauerarbeiten nichts mehr im Wege.

Wir schieden frohen Mutes, doch war unsere Zuversicht leider verfrüht gewesen. Das Kind, offenbar ein besonders borniertes Geschöpf, reagierte allem Anschein nach weit weniger positiv auf die Bemühungen seines Vaters als gedacht, denn es war schon Mitte November, als Frau Schacklgruber mich wieder anrief, und als sie mich fragte, ob die Arbeit an den Trockenmauern um diese Jahreszeit noch sinnvoll sei, musste ich das wahrheitsgemäß verneinen. Denn so angenehm und meditativ der Bau einer Trockenmauer auch ist – er zeitigt keine wirklich befriedigenden Ergebnisse, wenn er bei Dunkelheit und strömendem Regen durchgeführt wird. Wir beschlossen daher, den Baubeginn samt Einweisung auf das Frühjahr zu verschieben.

Während der Wintermonate traf ich Frau Schacklgruber zwei- oder dreimal, und sie berichtete mir jedes Mal, wie sehr sich ihr Mann auf das Frühjahr freue, er strotze geradezu vor Tatendrang und könne es kaum erwarten.

Umso größer war die Enttäuschung, die aus ihren Worten klang, als sie mich Anfang März anrief. Ihr Mann, so berichtete sie mit gebrochener Stimme, habe beim Anheben einer Gießkanne einen Bandscheibenvorfall erlitten. Nun sei er im Spital, und im Hinblick auf die bevorstehenden ärztlichen Maßnahmen sei bis auf weiteres an keinen gärtnerischen Einsatz seinerseits zu denken.

Dieser garstige Rückschlag hatte Frau Schacklgruber so getroffen, dass sie kurz erwog, selbst tätig zu werden, doch nachdem sie versuchsweise einen der kleineren Steine angehoben hatte, beschloss sie, doch lieber auf die Genesung ihres Mannes zu warten.

Mehrere Monate vergingen, ohne dass ich etwas von den jungen Leuten hörte, doch verschiedentlich kam ich an ihrem Grundstück vorbei und konnte mich davon überzeugen, dass die Steine noch vollständig vorhanden waren. Ihr Anblick war übrigens keineswegs so trostlos, wie sich's der Laie vielleicht denken mag.

Der Glimmer ihrer Bruchkanten glitzerte in der Frühjahrssonne, zahlreiche Bienen und Hummeln wärmten sich darauf, und zwischen den Brocken an den unteren Rändern des Hügels keimten in zartem Grün allerlei Pioniergewächse. Es war ein friedvoller Anblick, der die Schacklgrubers wohl etwas über die erzwungene Wartezeit hinwegtrösten mochte.

Auch ich fühlte mich dadurch beruhigt, und als zuerst der Frühling und dann der Sommer ins Land kamen, hatte ich sehr viel anderweitig zu tun und dachte daher kaum mehr an die Schacklgrubers.

Erst Anfang August meldete sich Frau Schacklgruber erneut bei mir. Ihr Mann hatte die Bandscheibenoperation samt Reha bestens überstanden und war nun im Begriff, mit ihr und den Kindern die Sommerferien über in Urlaub zu fahren. Die dafür nötigen Vorbereitungen ließen natürlich keine Zeit für etwaige Baumaßnahmen im Garten, und Frau Schacklgruber hatte auch nur angerufen, um mir für die Dauer ihres Urlaubs die Pflege einiger Wildrosen zu übertragen, die sie im Frühjahr oberhalb des Steinhaufens eingesetzt hatte. So kam ich in den nächsten drei Wochen regelmäßig auf das Grundstück und hatte dabei Gelegenheit zu so mancher interessanten Naturbeobachtung.

Auf und um den Steinhaufen hatten sich inzwischen Windengewächse, Sedum-Arten, Moschusmalven und verschiedene Königskerzen angesiedelt, zwischen den Steinen huschten Laufkäfer und Wolfsspinnen umher, Zauneidechsen waren zu sehen, und in einer feuchten Höhlung auf der sonnenabgewandten Seite entdeckte ich mehrere Blindschleichen, die ich zuvor noch nie in einem Garten gesehen hatte. Die von Frau Schacklgruber gesetzten Wildrosen ergänzten das Bild auf das harmonischste. Ich kann daher ohne Übertreibung sagen, dass ich mich stets auf die Besuche in Schacklgrubers Garten freute und angenehme Minuten darin verlebte.

Als die jungen Leute dann aus dem Urlaub zurückkamen, hatten wir ein sehr fruchtbares Gespräch, in dessen Verlauf auch der baldige Beginn der Trockenmauerarbeiten ins Auge gefasst wurde. Wir hatten, wenn ich mich recht erinnere, schon einen Termin in der zweiten Septemberwoche vereinbart, aber dann kam immer wieder etwas dazwischen, ich weiß nicht mehr, was es im Einzelnen war, aber so etwas kann ja mal vorkommen, das ist weiter kein Drama, und der Steinhaufen würde uns ja nicht weglaufen.

Wenige Jahre später, es war Ende Juni, kam ich zufällig wieder einmal bei den Schacklgrubers vorbei. Die artenreiche Pflanzengesellschaft des Steinhaufens stand bereits in voller Blüte, umsummt von zahlreichen Hummeln, Schmetterlingen und Wildbienen, die Eidechsen hatten bereits Eier gelegt und was mich besonders bezauberte, war das klangvolle, fast glockenartig klingende Zirpen einer mir unbekannten Heuschrecken- oder Grillenart.

Die Schacklgrubers begrüßten mich sehr herzlich. Sie sagten, unser Zusammentreffen sei ein glücklicher Zufall, denn sie hätten mich ohnehin demnächst kontaktieren wollen, da sie vorhätten, bald mit dem Bau ihrer Trockenmauern zu beginnen. In den nächsten zwei Wochen ginge es allerdings noch nicht, da Frau Schacklgrubers verwitwete Mutter, eine Frau Hölter aus Wattenscheid, gerade auf Besuch kommen wolle, doch sobald sie wieder abgereist sei, würde ich von ihnen hören. Ich sagte, glaube ich, ich würde mich darauf freuen, oder eine ähnliche Redensart und ging meiner Wege.

Umso überraschter war ich, als ich kaum zehn Tage später einen Anruf von Frau Schacklgruber erhielt. Die junge Frau berichtete in deutlicher Erregung, ihre Mutter sei eingetroffen und habe angesichts des Steinhaufens in sehr unerwarteter Weise reagiert. Blind für die vielfältige Schönheit dieses Biotops und offenbar auch sonst von eher rauhbauziger Wesensart, erklärte die alte Dame, es sei eine Schande, das alles dermaßen liegen und verlottern zu lassen, aber sie habe ja schon immer gesagt, dass Herr Schacklgruber eine transusige Pfeife und ein rechter Lahmarsch sei, der nichts auf die Reihe bekäme, und sie würde sich diese Zustände nicht länger mit ansehen, sie nicht, Frau Schacklgruber solle daher ungesäumt eine Firma mit dem Bau der Trockenmauern beauftragen und sie selbst, Frau Hölter, werde die Rechnung übernehmen.

Obwohl dies ja eigentlich eine glückliche Wendung war, klang Frau Schacklgruber sehr verletzt, und auch ich fühlte mich von so viel Hast und Aktionismus unangenehm berührt. Es war jedoch deutlich erkennbar, dass Frau Schacklgruber sich den Anweisungen der herrischen alten Dame nicht zu widersetzen wagte; also war es nicht an mir, etwas dagegen zu sagen. Es gibt nun einmal solche dominanten Menschen; man kann sie nicht ändern und muss daher mit ihnen leben. Allerdings hatte ich so auf die Schnelle keinen Termin frei, doch Ende August konnte ich zwei Mitarbeiter bereitstellen, die die Arbeiten durchführen würden. Wir kamen überein, dann kurzfristig einen genauen Termin zu vereinbaren.

Dazu sollte es jedoch nicht mehr kommen. Am zweiten August erhielt ich wieder einen Anruf von Frau Schacklgruber, die mir von einer unerwarteten Wendung berichtete. Soweit sich die Ereignisse rekonstruieren ließen, hatte sich ein Zoologieprofessor aus Würzburg in Folge einer Umleitung verfahren, hatte, um seine Straßenkarte zu Rate zu ziehen, vor Schacklgrubers Grundstück gehalten und dabei das schon erwähnte klangvolle Zirpen gehört. Ohne Zögern hatte der gewiegte Fachmann die vom Aussterben bedrohte Blauflügelige Ödlandschrecke als Verursacher des Zirpens agnosziert und war in heller Aufregung zurück in die Stadt gebraust, wo er mehrere Vertreter örtlicher Naturschutzverbände sowie der Unteren Naturschutzbehörde mit solchem Nachdruck mobilisierte, dass noch in derselben Woche eine offizielle Begehung des Schacklgruberschen Grundstücks stattfand.

In weiterer Folge war der Steinhaufen am Grundstücksrand als Trockenbiotop und Lebensraum gefährdeter Arten von solcher Bedeutung erkannt worden, dass der zuständige Behördenvertreter ihn unverzüglich unter Naturschutz stellte und jegliche zerstörerischen oder auch nur verändernden Eingriffe strikt untersagte.

Seitdem hat Schacklgrubers Garten weit überregionale Bekanntheit erreicht. Ich war noch mehrmals dort, teils allein, teils als Teilnehmer an den naturkundlichen Führungen, die regelmäßig von verschiedenen Fakultäten veranstaltet werden, und jedes Mal gab es etwas Neues zu entdecken. Vor wenigen Tagen durfte ich einem Zeitungsartikel entnehmen, dass der mittlerweile offiziell unter dem Namen „Naturschutzgebiet Schacklgruber Heide" bekannte Lebensraum seiner besonderen zoologischen und botanischen Bedeutung wegen als FFH-Gebiet vorgeschlagen wurde. Auch der wirtschaftliche Nutzen für den gesamten Ort ist beträchtlich, seitdem mehrere Veranstalter von naturkundlichen Reisen ihn in ihr Programm aufgenommen haben.

Für mich selbst ist es eine Quelle steter Freude, dass ich diese Entwicklung nicht nur von Anfang an mitverfolgen durfte, sondern sogar planerisch an ihr beteiligt war.

Reflexionen eines Friedhofsgärtners

Pölzl mein Name, habe die Ehre, Ferdinand Pölzl – aber Sie können ruhig Ferdl zu mir sagen. Des sagen's alle hier bei uns am Waldfriedhof. Ich hab hier die Gärtnerei, gleich draußen vor'm Haupteingang, Blumen-Pölzl, Friedhofsgärtnerei und a Blumeng'schäft is' auch dabei, aber des macht mei Frau.

Ich bin gern Friedhofsgärtner. Da hat ma' noch wirklich mit Pflanzen zu tun. Ham Sie Pflanzen gern? Ich hab Pflanzen schrecklich gern, weil: Die Pflanzen reden net. Sie, des kann i net leiden, wenn einer immer so auf mich einredt. Des hab i scho als Kind net verputzen können, und oft, wenn i in der Schul' g'sessen bin und der Lehrer hat in einem fort auf uns eing'sprochen, dann hab i mir denkt: Was wär des jetzt schön, wenn er tot wär und ich würd sein Grab pflegen. Schon als Kind.

Mit sechzehn bin i dann bei an Friedhofsgärtner in die Lehr' gangen. Des war eh schön, nur vor der Kundschaft hat's mir graust, also vor der lebenden, vor den Hinterbliebenen, weil die auch immer in einer Tour g'sprochen ham', aber die hat ja zum Glück mei Chef g'macht.

Ich hab dann gar nimmer fort wollen, mit 22 hab i die Tochter von mein' Chef g'heirat, zwa Jahr später is er g'storben; jetzt liegt er in Reihe 47, gleich bei der schönen Linde. Da is überhaupt schön, da bei uns am Waldfriedhof. Des is net wie im Landschaftsbau, i hab mei Ruh', keine g'scherten Architekten, kein Minimalismus, und die Kundschaft liegt friedlich drunten und hält die Goschn.

Des heißt, die Hinterbliebenen, die hamma schon noch, eh klar, aber des macht jetzt mei' Frau. Die macht auch des Blumeng'schäft, und ich bin den ganzen Tag am Friedhof und hab's schön. Freilich, grad überall is net so schön, der neue Friedhof im Vorort draußen, der is grauslich, a Grab am andern, nur protzerter Marmor und sonst nix, des is wie auf an Parkplatz. Da is am Waldfriedhof besser, die Ruh' und überall die Bam' mit die Vogerln drin. Früher, da war immer ein pensionierter Biologielehrer da, des war der Herr Dr. Kneitz, a reizender Mensch, der hat immer die Vogerln erforscht. No ja, jetzt liegt er schon seit fünf Jahr' in Reihe 72 links außen, und immer, wenn i ihm im Frühjahr die neuen Stiefmütterln aufpflanz', dann sag i zu ihm: „Hören S', Herr Doktor, heut singen's wieder ganz b'sonders schon!"

Übrigens, der Lehrer von der Schul' damals is auch scho' da, gleich hinten rechts – jetzt stört er mich nimmer. Kommen S' doch auch amal vorbei! Des is so schön hier, des wird Ihnen so gut g'fallen – vielleicht bleiben S' dann später auch amal länger.

Die Eden-Mafia

Um die nachfolgend geschilderten Ereignisse besser zu verstehen, muss man sich vergegenwärtigen, dass sich der Berufsstand des Gartenbaus keineswegs aus fertigen Engeln zusammensetzt. Man glaubt das immer nur, weil man mit dem Garten irgendwie immer gleich „Garten Eden" assoziiert, also beschaulichen Frieden, Paradies und so weiter. Dabei: Was war's denn damals im Garten Eden? Schlangen auf den Streuobstwiesen, Ehestreit, Krach mit dem Grundeigentümer wegen der Apfelernte und schließlich Rausschmiss und fristlose Kündigung des Pachtvertrags.

Ich weiß ja nicht, wie's Ihnen geht, aber ich stelle mir unter Paradies etwas anderes vor. Immerhin erklärt das aber das ganz besondere Klima, das bis heute in der Gartenbauszene vorherrscht. Nicht, dass es keinen Zusammenhalt gäbe, es ist schon wie eine große Familie, aber mehr wie beim FC Bayern oder bei der Mafia. Man spannt eben in der Tasche den Hahn, während man dem Don die Hand küsst. Erschwert wird die ganze Situation zusätzlich noch dadurch, dass sich der Gartenbau wie eine gespaltene Kirche in zwei Konfessionen aufteilt: die Praktiker und die Akademiker, also die Leute am Spaten und die in den Ausbildungs- und Forschungsstätten.

Die Praktiker halten die Akademiker für weltfremde Schnösel und die Akademiker die Praktiker für unbedarfte Höhlenmenschen. Das ginge ja noch. Viel schlimmer ist die interne Situation in beiden Lagern. Zwei Praktiker verabscheuen einander wegen unterschiedlicher Auffassungen, unterschiedlicher Arbeitsweisen oder weil sie wirtschaftliche Konkurrenten sind, und zwei Akademiker verabscheuen einander grundsätzlich.

Nach dieser Abschweifung können wir uns nun endlich mit dem eigentlichen Fall befassen. Die Wurzel allen Übels war wohl, wenn man's genau nimmt, die tiefsitzende Abneigung zwischen Herrn Kees van Houlsten, dem Chefredakteur einer führenden Gartenbaufachzeitschrift, und Herrn Dr. Bernhard Schott, einem freiberuflich tätigen Gartenplaner, der neben seiner planerischen Tätigkeit unermüdlich Bücher schrieb, in Zeitschriften publizierte und auf mancherlei sonstige Weise auf sich aufmerksam zu machen wusste.

Unter anderem hatte er vor etlichen Jahren einen schöngeistigen Verein gegründet, der sich dem Ziel verschrieb, mehr Natur in deutsche Gärten zu bringen. Bei den Mitgliedern dieses Vereins genoss er ein gottgleiches Ansehen, was der Vermarktung seiner Publikationen naturgemäß nicht abträglich war. Herr van Houlsten wiederum hielt Herrn Dr. Schott für einen penetranten Schnittlauch auf allen Suppen, der sich überall hineindrängen und mit allem seinen Reibach machen musste.

Nach einer garstigen Auseinandersetzung, deren Inhalt wir hier diskret übergehen wollen, gingen die beiden Herren im Zorn auseinander und hielten geraume Zeit einen schwer bewaffneten Frieden. Jeder ging wieder seinen Alltagsgeschäften nach, soll heißen, Herr Dr. Schott gschaftlhuberte emsig vor sich hin, während Herr van Houlsten – und damit auch die von ihm redigierte Fachzeitschrift – sämtliche Aktivitäten Dr. Schotts ostentativ ignorierte.

Das ging einige Jahre hindurch recht gut, und es hätte auch weiter gut gehen können, wenn Herr van Houlsten bei der sozusagen passiven Form des Ignorierens geblieben wäre. Indes, er blieb nicht dabei, er ging vielmehr eines Tages dazu über, Herrn Dr. Schott höchst aktiv und gewissermaßen frontal zu ignorieren, indem er eine Ausgabe seiner Fachzeitschrift gänzlich dem Thema Naturgärten widmete. Dabei wurde auch der Verein des Herrn Dr. Schott ausgiebig erwähnt, und zwar dergestalt, dass nahezu alle führenden Mitglieder des Vereins ausführlich, mit Namensnennung und Porträtfoto, zu Wort kamen – nur Herr Dr. Schott kam nicht vor. Kam dermaßen überhaupt nicht und schon rein gar nicht vor, als gäbe es ihn gar nicht und hätte ihn auch niemals gegeben. Für jeden Kenner der Szene – und wer außer Kennern der Szene liest schon eine Fachzeitschrift – war diese geradezu phosphoreszierende Nichtanwesenheit des Herrn Dr. Schott so auffällig, dass es an einem klaren 1:0 für Herrn van Houlsten keinen Zweifel mehr geben konnte.

Zutiefst angefressen holte Herr Dr. Schott zum Gegenschlag aus und ignorierte nun seinerseits Herrn van Houlsten, indem er ihn beziehungsweise die von ihm repräsentierte Fachzeitschrift nicht zu der alljährlichen Tagung seines Vereins in Braunbach einlud. Das traf Herrn van Houlsten nun nicht sonderlich tief – um die Wahrheit zu sagen, hatte er dieses Treffen zänkischer Strickpulloverschratze ohnehin immer äußerst nervig gefunden und daher meist nur seine Volontärin als Vertretung geschickt.

Nun unterblieb auch das – aber gerade damit nahm das Verhängnis seinen Lauf. Das Schicksal wollte es nämlich, dass auf eben dieser Jahrestagung ein gewisser Prof. Grieber einen Vortrag hielt. Alle Welt verabscheute Herrn Prof. Grieber, der intern gern als „der Sudetengauner" betitelt wurde, denn er war unsympathisch, intrigant, extrem selbstgefällig und von einer solchen Penetranz, dass böse Zungen behaupteten, er habe in seiner Jugend als Sekundenkleber gearbeitet. Auch Dr. Schott konnte Prof. Grieber nicht leiden, aber er konnte ihn bei der Zusammenstellung der Referentenliste nicht gut übergehen, denn Prof. Grieber war in der Gartenbauszene eine feste Größe, der man nicht auskam – so ähnlich wie Weihnachten oder der Tag der deutschen Einheit, die man auch nicht übergehen kann, selbst, wenn man's noch so gern möchte.

Prof. Grieber hielt also seinen Vortrag, über was, weiß ich nicht mehr, denn er war inhaltlich jetzt auch nicht so fesselnd, und überdies trug Prof. Grieber eine schlecht sitzende Zahnprothese, von der seine Aussprache nicht gerade deutlicher wurde – und alle Gartenfachzeitschriften berichteten pflichtschuldigst darüber. Alle – bis auf die Zeitschrift von Herrn van Houlsten, der ja auf der Tagung mangels Einladung gefehlt hatte. Als Herr Prof. Grieber kurz darauf sämtliche führenden Fachzeitschriften nach einer Würdigung seines Vortrags durchforstete, wurde er also in einer nicht fündig. Er suchte einmal, er suchte zweimal, er las sogar – was er sonst noch nie getan hatte – die gesamte Zeitschrift von vorn bis hinten durch, doch sein Vortrag war nicht erwähnt. Prof. Grieber witterte sofort Arglist und wurde böse. Nun war er aber nicht nur extrem eitel und empfindlich, sondern auch schon 89 Jahre alt und etwas senil, und so kam es, dass er Herrn van Houlsten kurzerhand mit dem Chefredakteur einer anderen führenden Gartenzeitschrift verwechselte. Dieser andere Chefredakteur, ein Herr Seitz, war zwar noch relativ jung und neu und Prof. Grieber eigentlich gar nicht persönlich bekannt, aber er war bis vor kurzem der Assistent von Prof. Giesebrecht gewesen, dem Leiter einer gartenbaulichen Versuchsanstalt – und damit war für Prof. Grieber alles klar.

Er und Prof. Giesebrecht hassten sich nämlich bis aufs Blut. Prof. Giesebrecht, der auf dem zweiten Bildungsweg zu seinem Posten gekommen war und eigentlich aus dem praktischen Landschaftsbau stammte – er wurde daher von Prof. Grieber nie anders als der „Pflanzlstecker" genannt –, hatte einmal vor 25 Jahren im Kreise von Fachkollegen Prof. Grieber als megalomanischen Zwerg bezeichnet – eine Beleidigung, die Prof. Grieber umso mehr erboste, als er in Plateauschuhen immerhin die imposante Größe von 1,56 m erreichte.

Also, Prof. Grieber hatte ja auch seine Verbindungen, und so setzte er sich sofort und ungesäumt nieder und schrieb für die Zeitschrift „Gehölz und Staude" eine vernichtende Rezension über Prof. Giesebrechts jüngst erschienenes Buch zum Thema „Besseres Mikroklima durch Grün in Städten". Er zerpflückte darin ausführlich Prof. Giesebrechts wissenschaftliche Ansätze, geißelte mit etwelchem Sarkasmus die Inkompetenz der „Seiteneinsteiger vom zweiten Bildungsweg" und schloss mit der Feststellung, unter diesen Umständen könne man für die Zukunft des Mikroklimas in Städten nur pechschwarz sehen.

Als Prof. Giesebrecht die Rezension las, verhagelte es ihm dermaßen die Suppe, dass er schon beim Lesen zwei Bleistifte zerbrach und sein Hörnchen versehentlich statt in seinen Kaffee in eine Nährlösung für Wandbegrünungen tauchte. Knurrend vor Wut sagte er die für den Abend geplante Schachpartie mit seinem Freund und Kollegen Prof. Leppelsack ab – ihm war wirklich nicht mehr danach zumute – und blieb stattdessen in seinem Büro, um an einem Racheplan gegen Prof. Grieber zu arbeiten.

Infolge der ausgefallenen Schachpartie kam Prof. Leppelsack zwei Stunden früher als geplant nach Hause, wo er in seinem eigenen Schlafzimmer, in seinem eigenen Ehebett, seine Gattin Reglindis mit dem Inhaber der GaLabau-Firma „Grünes Glück", einem gewissen Hieber Fritzi, in einer eindeutigen Situation vorfand. Nach einem Moment der Erstarrung drang Prof. Leppelsack in blinder Raserei auf den Nebenbuhler ein, aber der Hieber Fritzi, ein Prackl Mannsbild – für norddeutsche Leser: ein ungewöhnlich kräftiger und voluminöser Mensch männlichen Geschlechts – packte den eher spichtigen Wissenschaftler und schleuderte ihn unter den Tisch, wobei Prof. Leppelsack durch einen unglücklichen Aufprall gegen das Tischbein einen Schneidezahn einbüßte. „Hieber, das wird Folgen für Sie haben!", nuschelte Prof. Leppelsack in ohnmächtiger Wut, und er war kaum unter dem Tisch hervorgekrochen, als er auch schon mit Frau Dr. Eleonore Gilling-Huchzermeyer, einer ehemaligen Doktorandin, die nun als städtische Referentin für die Vergabe der Pflegearbeiten auf öffentlichen Grünanlagen zuständig war, Kontakt aufnahm. Prof. Leppelsack verlangte unumwunden von ihr, der Firma „Grünes Glück" unverzüglich und für immer sämtliche öffentlichen Aufträge zu entziehen.

Natürlich verwahrte sich Frau Dr. Gilling-Huchzermeyer entschieden gegen einen solchen Eingriff in ihre Kompetenzen, aber Prof. Leppelsack erklärte, er habe zwar ihre Doktorarbeit bislang nicht auf eventuelle Ähnlichkeiten mit anderen, früheren Doktorarbeiten untersucht, aber er könne das jederzeit nachholen, das mache ihm gar nichts aus, und es gebe jetzt neuartige Software, die solche Überprüfungen ganz außerordentlich vereinfachen würde.

So kam es, dass die Firma „Grünes Glück", die bisher überwiegend im städtischen Auftrag gearbeitet hatte, plötzlich einen derart jähen Rückgang ihrer Einnahmen verzeichnete, dass sie nur wenige Wochen später Insolvenz anmelden musste. Damit stand sie nun keineswegs allein da, aber da gerade die Stadtratswahlen bevorstanden, erregte die Häufung von Firmeninsolvenzen natürlich die Aufmerksamkeit der oppositionellen Presse. Schließlich fand dieses Thema sogar seinen Weg in die BR-Sendung „Längs", in der der Kabarettist und Moderator Christoph Sauer ausgerechnet am Beispiel der Firma „Grünes Glück" die völlige Erfolglosigkeit des von der derzeitigen Rathauskoalition praktizierten Förderungskonzeptes mittelständischer Unternehmen anprangerte.

So konnte es geschehen, dass der oppositionelle Bürgermeisterkandidat, ein politischer Quereinsteiger, den aufgrund seiner fehlenden Bierzelttauglichkeit bisher niemand so recht ernst genommen hatte, plötzlich ganz unvermutet Oberwasser bekam und mit einer Stadtratsmehrheit von 56 % im Rücken neuer Bürgermeister wurde. Zu allem Unglück entpuppte sich der besagte Quereinsteiger auch noch als ein ungewöhnlich befähigter Mensch, und man weiß, was dann los ist, wenn befähigte Menschen in politische Machtstellungen gelangen. Das gibt derartige Umwälzungen – da bleibt kein Stein auf dem anderen. Kein Wunder, dass man so etwas nach Möglichkeit zu verhindern sucht.

Auch hier war die Lawine nicht mehr aufzuhalten. Im Stadtrat wurden plötzlich Entschlüsse gefasst, in der Verwaltung gearbeitet, die städtischen Finanzen gesundeten, die Straßen wurden sauberer, die Parks grüner, die Kinder schlanker, gelegentlich soll man sogar höflichen Polizisten begegnet sein und die vormalig regierende Volkspartei musste sich auf unbestimmte Zeit auf die Rolle einer wirkungslos nörgelnden Opposition einstellen.

Sonst ist noch zu berichten, dass Frau Gilling-Huchzermeyer zwar ihren Doktortitel behielt, aber ihren Posten verlor, dass Prof. Giesebrecht nächtens die Luft aus Prof. Griebers Fahrradreifen abließ, dass Prof. Grieber im Gegenzug mit Baustellenspray das Wort „Arschloch" auf die Windschutzscheibe von Prof. Giesebrechts Auto sprühte, dass Herr Seitz aus Solidarität mit seinem früheren Chef in seiner Zeitschrift Prof. Griebers 90. Geburtstag unter der Rubrik „Pflanzenschutz und Schädlingsbekämpfung" vermeldete, dass Prof. Leppelsack sich scheiden ließ und dass seine vormalige Gattin Reglindis seit ihrer Wiederverehelichung Hieber heißt.

Der Hieber Fritzi hat sich durch die tatkräftige Hilfe seines neuen Schwiegervaters, eines vermögenden Industriellen, saniert und ist nun erfolgreich im Golfplatzbau tätig.

So ist nun also, insgesamt und bei Licht besehen, alles gut ausgegangen.

Nur Herr Kees van Houlsten und Herr Dr. Schott können einander noch immer nicht leiden – aber das ist ja, wie ich nun hinreichend belegt zu haben glaube, unter Angehörigen der Gartenbau-Szene nichts Ungewöhnliches.

Jedem das Seine

Manchmal frage ich mich wirklich, warum ich überhaupt Fachzeitschriften lese. Was da drin steht, ist oft so ein tendenziöses Geschwätz – so richtig das überhebliche Gemoser von so intellektuellen Besserwissern aus irgendwelchen Akademien, die nichts anderes zu tun haben, als die Arbeit von uns Praktikern schlecht zu reden. Das regt mich auf.

Ich bin nämlich ein sehr engagierter Gärtner, und – ach, Entschuldigung, wir haben uns noch gar nicht bekannt gemacht. Darf ich mich vorstellen: Unzengruber mein Name, Godehard Unzengruber, von der Firma „Gartentraum-Rosenbaum". Ich habe den Betrieb von meinem Onkel Winfried Rosenbaum übernommen – meine Mutter ist eine Rosenbaum – und führe ihn auch unter diesem Namen weiter, weil der Name „Gartentraum-Rosenbaum" als Begriff bei der Kundschaft gut eingeführt ist, und „Gartentraum-Unzengruber" jetzt auch nicht so ... äh. Sie wissen, was ich damit sagen will.

Jedenfalls, wie schon gesagt, ich bin ein sehr engagierter Gärtner und kann es nicht leiden, wenn gewisse Leute falsche Behauptungen über unseren Berufsstand verbreiten. Gerade heute habe ich in der Zeitschrift „Gartenwissen" wieder so einen dummen Artikel gelesen, von irgendeinem Herrn von und zu Schnöseldepp, der da behauptet hat, dem modernen Landschaftsgärtner würde angeblich gestalterisch nichts mehr einfallen, das sähe alles gleich aus, wohin man schaut, nur Holzdecks, Kiesflächen und Rollrasen und an Pflanzen nur noch Buchs, Kirschlorbeer und Bambus, und der vielfältige Garten wäre tot und das wäre der Niedergang einer beruflichen Tradition und so weiter, blablabla, lauter so dummes Zeug, das wirklich nichts mit der Realität zu tun hat.

Die Wahrheit ist doch: Der Gartenbau war noch nie so professionell wie heute. Nehmen Sie zum Beispiel nur mal Holzarbeiten. Wenn wir heute ein Holzdeck bauen, schrauben wir nicht einfach ein paar Bretter auf ein paar Balken wie früher. Nein. Wir sorgen für einen drainagefähigen Unterbau, wir sorgen für Zwischenbelüftung durch Vierkantgummischnüre zwischen Lagerholz und Diele, und wir verwenden neue, durchdachte Klemmhalterungen, bei denen die Dielenoberfläche unversehrt bleibt. Früher fing so eine Holzterrasse schon nach ein paar Jahren zu faulen an, heute hält sie genauso lange wie ein künstliches Hüftgelenk.

Oder denken Sie an Kiesflächen. Die bauen wir heute immer mit einem Unkrautschutzvlies darunter ein, sodass nichts mehr durchwächst, das ist eine Arbeitsersparnis, so was kann sich so ein Schreiberling in einer Fachzeitschrift gar nicht vorstellen.

Oder Rasen! Was hatte der Kunde früher da für einen Ärger mit so einer Saatrasenfläche, bis die endlich begehbar war: Anwuchspflege, Schröpfschnitt, dings und bums. Heute bekommt er stattdessen einen erstklassigen

Rollrasen, der schon am ersten Tag perfekt aussieht. Ich meine: Das ist Qualität! Davon konnten doch diese Blümchentandler von früher nicht einmal träumen!

Und wenn ich so was schon hör', der Landschaftsgärtner von heute kenne keine Pflanzen mehr, da kann ich überhaupt nur lachen, lachen kann ich da nur, verstehst du, weil das so ein Schmarrn ist.

Mein Betrieb zum Beispiel bietet 20 Sorten von Kirschlorbeer an, hochwüchsig, breitwüchsig, starkwüchsig, schwachwüchsig, bei Buchssorten achten wir selbstverständlich auf Pilzresistenz, und beim Bambus verwenden wir nur horstbildende Fargesia-Sorten und niemals einen Phylostachis, der alles zuwuchert mit seinen Ausläufern. Alle unsere Pflanzen beziehen wir direkt vom Produzenten aus Holland, in zertifizierten Güteklassen, da ist eine wie die andere, das ist eine Qualität und eine Vielfalt, so was hat's früher überhaupt nicht gegeben.

Und wenn dann so ein akademischer Schnösel daherkommt und umeinanderschwadroniert, dass es keine gestalterische Individualität nicht mehr gibt, dann kann mich das nicht mal mehr ärgern, so einer tut mir einfach nur leid, leid tut der mir, weil der überhaupt keine Ahnung hat, von was er da redet, so schaut's nämlich aus!

Meine Gartenplanungen, die sind nicht nur individuell, die sind geradezu maßgeschneidert, da kriegt jeder Kunde genau das, was zu ihm persönlich passt und nichts anderes! Nehmen wir als Beispiel nur mal die vergangene Woche, da war ich am Montag bei einem alten Ehepaar, das heißt, so alt waren s' jetzt auch wieder nicht; so Mitte 60, frisch pensioniert, sozusagen, aber die Frau war schon sehr in Sorge, wie's denn mal werden wird, wenn sie erst pflegebedürftig sein würden. Das trifft man ja häufiger heutzutag, die Leut' verbreiten eine Atmosphäre, da hat man oft das Gefühl, die Kinder kriegen schon in die Schultüte statt einem Schoklad einen Gutschein für einen Altersheimplatz hinein.

Jedenfalls, dieses Ehepaar wollte auch recht sehr einen altersgerechten Garten, der nur ja keine Arbeit macht, und möglichst alles ohne Barrieren und Treppen, damit man auch im Rollstuhl noch überall hin kann. Da haben wir also erst mal eine große Holzterrasse vorgesehen, auf einer Höhe mit der Tür und ohne Schwelle, dann eine ganz sanft geneigte Rasenfläche, das machen wir dann mit einem Rollrasen, dass es gleich begehbar ist, und drum herum eine Kirschlorbeerhecke mit einer schönen Einfassung aus weißem Marmorkies. Das Ganze natürlich vollautomatisch, mit automatischer Unterflurbewässerung, mit computerprogrammiertem Mähroboter, und die Hecke kommen wir zweimal im Jahr schneiden, Arbeitsaufwand für die Besitzer gleich Null; da können die Leut' im Koma liegen und der Garten sieht immer noch aus wie grad aus dem Katalog gekrochen. Individueller und altersgerechter geht's wirklich nicht mehr.

Am Dienstag, da hatte ich dann wieder was völlig anderes, das war ein Ehepaar mit drei kleinen Kindern, die wollten einen robusten, pflegeleichten Garten, wo die Kinder mal richtig rumtoben können. Denen hab' ich gesagt, gut, da machen wir im Zentrum eine große Rasenfläche mit einem besonders strapazierfähigen Rollrasen; da können die Kinder rumtoben oder Rad fahren, ganz wie sie wollen, dafür gibt es spezielle Sportrasenmischungen, die halten praktisch alles aus. Vor das Haus kommt dann ein schönes Holzdeck, da können die Eltern auch mal in Ruhe ausspannen und haben die Kinder dabei immer im Auge, und an den Seiten, da setzen wir robuste, immergrüne Randpflanzungen, die auch mal was aushalten. Zur Straße hin Bambus, an den Seiten Kirschlorbeer, und zwischen Randpflanzung und Rasenfläche einen breiten Kiesstreifen, damit man sich beim Mähen leichter tut. So was ist ein Paradies für die Kinder; die Leute waren begeistert, wie's halt so ist in einem modernen Dienstleistungsbetrieb, der wo die Kundenwünsche ernst nimmt.

Am Mittwoch wiederum, das war ein interessantes Projekt, da wollte einer einen fernöstlichen Garten. Dem hab' ich eine Fläche aus weißem Kies vorgesehen, so Zen-mäßig-meditativ und Ruhe ausstrahlend, darauf platziert mehrere in Form geschnittene Buchse, drum herum ein Holzdeck und das Ganze mit einer Einfassung aus Bambus. Ich sag's Ihnen, das wird ein so original fernöstlicher Garten, da wenn einmal ein Japaner vorbeikommt, der will gar nicht mehr weg, so daheim fühlt der sich da.

Am selben Tag hatte ich dann noch ein Ehepaar, das einen mediterranen Garten wollte; das ist auch kein Problem für mich, damit hab' ich mich vertraut gemacht, das ist für mich planerisch gewissermaßen ein Spaziergang. Da verwenden wir natürlich vor allem original mediterrane Pflanzen, zum Beispiel Buchs und Kirschlorbeer, dann setzen wir als atmosphärisches Gestaltungselement Kies ein, in so einem warmen, mediterranen Ockergelb, dazu

eine Rasenfläche wie im Mittelmeerraum und ein wunderschönes Holzdeck mit einer Lasur in einem richtig mediterranen Honigbraun. „Mit so einem Garten", hab' ich den Leuten gesagt, „da haben Sie die Riviera ganzjährig ums Haus, da brauchen S' gar nicht mehr hinfahren."

Ganz gegensätzlich war's dann am Donnerstag, da hat mich am Vormittag ein Architekt konsultiert, der wollte eine betont moderne Außenanlage, die mit der Architektur vom Haus harmoniert, so mit graden Linien, in einer – wie hat er's gleich gesagt? – in einer puristischen Klarheit, die souverän, aber niemals affirmativ wirkt. Ich hab' natürlich sofort verstanden, was er meint.

Das Haus ist quasi rechteckig, also machen wir davor in der ganzen Länge ein rechteckiges Holzdeck, dann eine ebenmäßige, rechteckige Kiesfläche, und darin, genau symmetrisch, eine kleinere Rasenfläche, natürlich auch rechteckig, weil das exakt souverän und überhaupt nicht affirmativ ist. Um die rechteckerte Linienführung noch zu verstärken, betonen wir sie mit Einfassungsbuchs, und als Akzente in der Rasenfläche noch vier Kirschlorbeeren, die würfelförmig geschnitten sind und ein Viereck bilden. Als der Architekt den Plan gesehen hat, wär' er mir fast um den Hals gefallen; er hat gesagt, er hat in mir ein schöpferisches Pendant gefunden, das eine steinerne Aussage in einen floralen Bezug transformieren kann. Da hab' ich jetzt, ehrlich gesagt, nicht ganz verstanden, was er meint, aber ich glaub', mit dem Mann werd' ich noch viele Projekte zusammen bauen.

Am Nachmittag war dann quasi das genaue Gegenteil, da wollte eine Kundin einen Naturgarten. Das war, zugegeben, für mich nicht ganz so einfach, da fehlt halt etwas die Routine, weil Natur im Garten als Kundenwunsch heutzutag' eher die Ausnahme ist, aber ich habe mich dann gleich in die Sache eingelesen, und das war letztlich gar nicht so schwierig, das mit dem Natürlichen. Vor allem machen wir da viele Hecken aus Kirschlorbeer, weil der immergrün ist und den Vogerln und den Gartenviechern ganzjährig Unterschlupf gibt; dann eine ganz natürliche Rasenfläche, weil ich nämlich im Internet gelesen hab', dass Stare und Drosseln kurzrasige Flächen für die Nahrungssuche brauchen, und dazu große, vollsonnige Kiesflächen, das ist wieder gut für die Eidechsen, weil das so wärmeliebende Tiere sind.

Die Frau war zuerst etwas verblüfft, sie hat gemeint, das sähe ganz anders aus als sie sich einen Naturgarten vorgestellt hätte, aber wie ich ihr das alles erklärt hab', wie alles so zusammenhängt in der Natur und mit den Viechern und der Ökologie und überhaupt, da war sie dann schon sehr beeindruckt und hat gesagt, sie wäre froh, dass sie in mir einen echten Fachmann gefunden habe.

Wissen S', das ist das, was ich an diesem Beruf liebe; wenn man auf die Leute eingeht und sich Zeit nimmt und eine Einfühlsamkeit mitbringt, und der Kunde merkt, dass er ernst genommen wird und ist glücklich und zufrieden. Das ist dieses Menschliche in dem Beruf, das mir so wichtig ist, dass ich einfach selbst ein gutes Gefühl bei der Sache hab' und abends zu mir sagen kann: „Godehard, bei dir kriegt jeder das Seine." Und von so was hat doch so ein Schreiberling, der einsam in seiner Redaktion sitzt, überhaupt keine Ahnung!

Was meinen Sie? Das käme Ihnen jetzt trotzdem gestaltungsmäßig alles irgendwie gleich vor? So?! Also, dann werd' ich Ihnen einmal was sagen: Wir haben hier eine freie Marktwirtschaft, ich bin ein Dienstleister und kein Missionar, und ich muss das bauen, was verlangt wird – verstehen Sie mich? Was kann ich dafür, wenn die Leut' alle dasselbe wollen!

Frühlingsabend

Im Frühjahr gehe ich abends nach getaner Arbeit gern ein wenig spazieren. Ich freue mich an den blühenden Bäumen und Sträuchern, ich lausche dem Gesang der Vögel und, nun ja, gelegentlich auch mal einer Unterhaltung in einem Garten. Nicht aus Neugier oder gar Indiskretion, nein, nur aus menschlichem Interesse. So auch gestern Abend. Mein Weg führte mich gerade an einer gut mannshohen Thujahecke entlang, als hinter dieser Hecke unversehens eine Stimme erklang, die mich spontan an Alfred Tetzlaff aus der Serie „Ein Herz und eine Seele" erinnerte. „Einen Gärtner!", sprach die Stimme mit scharfem Tadel. „Jetzt wird's hinten höher wie vorn! Für diesen lausigen Kirschbaum werd ich einen Gärtner holen! Du glaubst wohl, ich lasse das Geld drucken?! So ein Gschwerl kommt mir nicht aufs Grundstück!"

In mir stieg spontan ein leiser Unwillen auf, der jedoch sofort von heftigem Mitleid verdrängt wurde. Was musste dieser bedauernswerte Zeitgenosse für schlechte Erfahrungen mit unserem Berufsstand gemacht haben, dass solche Bitterkeit aus ihm sprach! „Fachleute, wenn ich das schon höre!", sprach jetzt die Bitterkeit aus ihm. „Die sind faul, schlampig und teuer! So was macht man selbst! Sollst mal sehen, wie ich diesen blöden Besen auf Vordermann bringe!" Über der Thujahecke tauchte eine Leiter auf, und auf dieser Leiter wenig später Herr Tetzlaff selbst, der tatendurstig mit einer Säge in der Hand himmelwärts stieg. „Das wär ja gelacht!", verkündete er. „Bevor ich das Geld für einen Gärtner rausschmeiße ..." Dann ging ich weiter, und seine Worte verklangen hinter mir.

Ich verließ die Ortschaft und wanderte eine halbe Stunde in die Flur hinaus, ehe ich umkehrte und auf demselben Weg wieder zurückging. Es begann bereits zu dämmern, als ich wieder an der Thujahecke vorbeikam. Die Leiter ragte noch immer darüber empor, auch der Kirschbaum, an dem sie lehnte, stand noch unversehrt da, Herr Tetzlaff aber war nicht mehr auf ihr tätig. Er lag gerade auf einer Bahre, die zwei Sanitäter aus dem Gartentor trugen und sodann in einem davor geparkten Ambulanzwagen verstauten. „Sieht schlecht aus", sagte der eine Sanitäter. „Das ist heute schon der Dritte, den's wo runterweht." „Ja, Frühjahrszeit", sagte der andere. „Da fallen die Heimwerker wie die Hagelkörner vom Himmel." Eilig bestiegen sie die Fahrerkabine und fuhren mit Blaulicht und Martinshorn davon.

Ich sah ihnen nach, bis der liebliche Sirenenton in der lauen Frühlingsluft verklang. Nicht weit entfernt hob in einem Gebüsch eine Nachtigall zu singen an.

Ich liebe diese wunderbaren, friedlichen Maienabende.

Der Mann ohne Spiegel

Ich traf ihn erstmals persönlich auf einer Veranstaltung des Verbandes für Garten-, Landschafts- und Sportplatzbau, kurz nachdem er zum Unternehmer des Jahres gekürt worden war: Erhard Halbritter, den Gründer und Geschäftsführer der Fa „Grüne Zukunft AG", vormals „Grüne Zukunft GmbH & Co KG ", bis zu dem überaus erfolgreichen Börsengang im Herbst letzten Jahres – auch Sie werden vielleicht davon gehört haben. Natürlich war er mir schon vorher bekannt gewesen, wie jedem aus der Gartenbaubranche, aus zahlreichen Artikeln und Notizen in verschiedenen Fachblättern und sonstigen Zeitungen, in denen von seinen zahlreichen Projekten und Erfolgen berichtet wurde. Der Geschäftsführer der größten Garten- und Landschaftsbaufirma im deutschsprachigen Raum, mit 120 Mitarbeitern allein am Stammsitz in Nüdlingen und nochmals über 240 in den drei Filialen in Baden-Württemberg, Hessen und Sachsen-Anhalt. Den dreimaligen Gewinner des Preises „Innovativstes Gartenkonzept des Jahres", den viel beachteten Teilnehmer an sämtlichen großen Gartenschauen der letzten Jahre, Inhaber mehrerer Goldmedaillen und TASPO-Awards und persönlichen Freund verschiedener Kommunalpolitiker.

Ich hatte nie zu hoffen gewagt, ihn einmal leibhaftig kennen zu lernen, und nun standen wir unversehens am Buffet nebeneinander. Irgendjemand stellte uns einander vor, Herr Halbritter, in lobenswerter Bescheidenheit, sagte „Halbritter", und dass es ihn freue, mich kennenzulernen, er läse regelmäßig meine DEGA-Kolumnen und sie gefielen ihm immer sehr gut, ich murmelte, das sei sehr freundlich oder so etwas Ähnliches, und dann ging uns irgendwie der Gesprächsstoff aus und wir sahen einander leicht verlegen an.

Wie schon so oft, dachte ich bei mir, dass der große Erhard Halbritter eigentlich gar nicht so aussah, wie man sich einen Unternehmer vorstellt. Er erinnerte, zumindest mich, eher an Karl Marx, vor allem, was seine Frisur und seinen üppigen Vollbart anging, und dann sah ich, dass seine Fliege im Begriff war, sich zu lösen.

Ehe ich es noch verhindern konnte, entschlüpften mir die Worte: „Ich glaube, Ihre Fliege ist am Aufgehen." Im gleichen Augenblick verwünschte ich mich innerlich für meine Taktlosigkeit – aber Herr Halbritter lächelte nur freundlich. „Das ist sehr gut möglich", sagte er. „Mein Butler war heute krank, da musste ich sie selbst binden. Leider konnte ich nicht überprüfen, wie sie sitzt, ich habe nämlich keinen Spiegel."

Ich murmelte: „Hehehe", und schmunzelte höflich. Der Scherz mit dem Spiegel schien mir zwar etwas dürftig, aber ich wollte Herrn Halbritter nicht kränken; immerhin war es doch sehr nett, dass er sich so leutselig gab und schließlich ist er ja Unternehmer und kein Komiker. Der Unternehmer des Jahres indes blieb zwar freundlich, aber ernst. „Sie glauben, ich scherze?", fragte er. „Sie irren sich. Ich meine das ganz ernst und wörtlich. Ich besitze wirklich keinen Spiegel." „Gar keinen?", fragte ich verblüfft. „Überhaupt keinen", bestätigte Herr Halbritter, und setzte, meine Verwunderung bemerkend, hinzu: „Soll ich Ihnen erzählen, wie es dazu gekommen ist?" „Interessieren würde es mich schon", meinte ich, „aber ich möchte nicht indiskret sein. Wenn es persönlich oder vertraulich ist" –

„Es ist persönlich. Es ist vertraulich. Ich erzähle es Ihnen trotzdem. Ich bin inzwischen so weit, dass es mir egal ist, ob andere es wissen." Ein Kellner kam mit einem Tablett voller Sektgläser vorbei. Wir nahmen jeder eines und ich wartete auf Herrn Halbritters Geschichte. „Sie müssen wissen", begann er, „dass ich vor vielen Jahren, als junger Mensch am Beginn meiner Laufbahn, sehr idealistisch eingestellt war. Ich träumte von einem Leben im Einklang mit der Natur, von einem dankbaren, verantwortungsvollen Umgang mit der Erde, von gesunden Wäldern, begrünten Straßen, gewissermaßen von blühenden Landschaften, aber nicht im technokratischen Sinn wie Helmut Kohl, mit einem Wort – ich war ein Grüner. Nun, vielleicht nicht gerade ein Grüner, ich war nie ein Fan von Schnittlauchhaaren und Strickpullovern, ganz im Gegenteil, ich war ein sehr fescher Mensch damals, ich sah ein bisschen aus wie Elvis Presley, nur nicht so ölig."

„Dann darf man annehmen, dass Sie damals noch Spiegel hatten?", vermutete ich. „Selbstredend. Sogar mehrere, und ich habe oft und gern hineingesehen, denn ich war nicht nur idealistisch und fesch, sondern auch sehr mit mir zufrieden, man könnte fast sagen, ein wenig eitel."

„Nun, diese Eigenschaften schließen sich ja nicht aus." „Wem sagen Sie das. Ich fühlte den Drang und die Befähigung in mir, die Welt zu verbessern. Als ich meinen Landschaftsbaubetrieb gründete, hatte ich fest vor, für eine bessere, ökologischere Zukunft zu sorgen. Deshalb ‚Grüne Zukunft', verstehen Sie?" „Durchaus. Und Sie hatten Erfolg. Es ist wunderbar, wenn man seine Ideale im Beruf verwirklichen kann."

„Was reden Sie da?", fragte Herr Halbritter. „Ich hatte natürlich keinen Erfolg. Überhaupt keinen. Nicht bei den Privatkunden, die saubere Gärten mit Psychopathenrasen hinter Thujahecken wollten; nicht bei den öffentlichen Ausschreibungen, bei denen immer die billigste Lösung gewann; und schon gar nicht bei Gartenwettbewerben, bei denen Natur schon damals als antiquiert und von gestern galt. Bei niemandem. Aber ich ließ mich nicht unterkriegen. Ich hielt an meinen Überzeugungen fest, ging keine Kompromisse ein und widerstand jeder Versuchung."

„Und Sie setzten sich schließlich durch!", rief ich voller Begeisterung. „Bravo! Ich bewundere Ihre Standhaftigkeit!" „Sie brauchen nichts zu bewundern", widersprach Herr Halbritter und stürzte die Hälfte seines Sektes hinunter. „Ich setzte mich nicht durch. Man ignorierte mich. Nach einem knappen Jahr stand ich kurz vor der Pleite. Und dann kam die Wende. Ich bekam ein großes Renaturierungsprojekt." „Und dann konnten Sie zum ersten Mal tun, was Sie immer gewollt hatten." „Nein. Da bin ich zum ersten Mal schwach geworden. Ich verriet meine Überzeugungen und führte ein Projekt aus, das ein reiner Etikettenschwindel war. Es ging um einen Bach, den man seinerzeit im Zuge der Flurbereinigung völlig ruiniert hatte, begradigt, verbaut, stellenweise war er sogar in Beton gefasst. Seine Renaturierung war eine Ausgleichsmaßnahme für ein neues Baugebiet. Eine Vorgabe im Rahmen des Landschaftsplans, Sie kennen das ja. Hätte man ihn wirklich renaturieren wollen, dann hätte man Platz für neue Mäander schaffen, die Ufer abflachen, die Drainagen entfernen, Grünland in der Umgebung schaffen müssen. Aber das war den Verantwortlichen natürlich viel zu teuer. Man hätte Land aufkaufen und auf Einnahmen verzichten müssen, die Anrainerbauern machten dagegen Front, die Freien Wähler forderten einen ‚sozialverträglichen Umweltschutz, der die kommunale Entwicklung nicht behindert', das volle Programm eben. Also wandte sich der Bürgermeister an einen befreundeten Landschaftsarchitekten, der die Zusage für alle kommunalen Projekte für fünf Jahre bekam. Und im Gegenzug hat der dann einen sozialverträglichen Renaturierungsplan gemacht."

„Und der war schlecht?" „Er war eine Farce. Es blieb alles, wie es war, der begradigte Lauf, die Steilufer, sogar die Betoneinfassungen. Es wurden lediglich die Uferränder mit Pappeln begrünt. Nicht etwa mit regionalem Pflanzgut mit Herkunftsnachweis, nein, mit der billigsten Import-Baumschulware, die man finden konnte."

„Hat denn da nicht die Naturschutzbehörde eingegriffen?" „Ach, woher! Der Leiter der Naturschutzbehörde war der Schwager des Bauunternehmers, der das Baugebiet bebaut hatte, verstehen Sie? Die haben alles durchgewinkt. Zum Schluss haben wir an dem Betonfeldweg, der vor dem Import-Pappelstreifen entlang lief, noch ein paar Bänke aufgestellt, und die Sache war fertig. Die Presse hat das Ganze als großartigen Erfolg für den Landschaftsschutz gefeiert, es gab mehrere Fototermine, mit dem 1. Bürgermeister, dem 2. Bürgermeister, dem Landrat, dem Heini von der Naturschutzbehörde, dem Landschaftsarchitekten, das ganze Kroppzeug eben. Und ich war jedes Mal mittendrin. Das war der Beginn meiner Karriere."

„Immerhin." Herr Halbritter setzte abermals sein Sektglas an, bemerkte, dass es leer war und winkte dem Ober um ein neues. Er musste sich laben. „Natürlich fühlte ich mich dabei fürchterlich", erzählte er, nachdem er das neue Glas etwa zur Hälfte geleert hatte. „Gleich, nachdem ich meine Vergütung erhalten hatte, spendete ich ein Drittel des

Reingewinns für den Bund Naturschutz. Irgendein Trottel dort gab das an die Presse, sodass ich gleich noch mal in die Zeitung kam, wo man mein fabelhaftes Engagement für die Umwelt anpries. Da fühlte ich mich noch elender. Aber geschäftlich war es sehr hilfreich. Ich weiß gar nicht, wie viele solcher Projekte ich damals gebaut habe. Und eines immer grauslicher als das andere. Alibibegrünungen von vorn bis hinten, für klotzige Industriebauten, für sinnlose Straßenbauprojekte, für Seelensilos von Wohnblocks. Jedes Mal habe ich dann eine große Spende für den Naturschutz gemacht, für alle Vereine, die man sich denken kann, nur um mein Gewissen zu beruhigen. Und jedes Mal kam ich damit in die Presse und bekam einen Heiligenschein umgehängt. Es war zum Auswachsen."

„Nun ja", sagte ich, weil mir nichts Besseres einfiel. Herr Halbritter leerte abermals sein Sektglas. „Als ich die Außenanlage für einen Kindergarten gebaut hatte, der so scheußlich war, dass man hätte speien können, ertrug ich es nicht länger", fuhr er in seiner Schilderung fort. „Damals ging ich zum Ortsvorsitzenden von einem der Naturschutzverbände, die ich regelmäßig bedachte, und erzählte ihm alles. Alles! Ich sagte ihm, dass alle diese vorgeblichen Ausgleichs- und Landschaftsschutzmaßnahmen reine Makulatur seien, Feigenblätter für Raubbau und Gewinnsucht übelster Sorte. Und wissen Sie, was er geantwortet hat?"

„Er machte Ihnen Vorwürfe?" „Keineswegs! Er gab mir gewissermaßen eine Generalabsolution. Er sagte, er anerkenne meine löbliche Gesinnung, aber ich solle mir da mal keine Sorgen machen, er sähe das im Ganzen sehr positiv, und das ginge schon in Ordnung, solange ich weiterhin den Naturschutz so großzügig unterstützen würde. Aber ich gab noch nicht auf. Ich flehte den Naturschutzmenschen um eine Zusammenarbeit an. Ich schlug ihm vor, dass wir gemeinsam echte Landschaftsschutzprojekte betreiben sollten, die ich zu besonders günstigen Preisen ausführen wollte. Das würde der Natur und dem Etat der Verbände zugute kommen. Aber das lehnte er ab. Er meinte, die Aufgabe des Verbandsnaturschutzes sei nicht, die Aktivitäten der Wirtschaft zu übernehmen, sondern an einem Bewusstseinswandel in der Gesellschaft zu arbeiten. Dazu brauche man einen soliden Stamm an qualifizierten Mitarbeitern, und da bliebe kein Geld für Landschaftsbauarbeiten. Ich solle mir meiner Verantwortung für das Allgemeinwohl bewusst sein und wie bisher weitermachen."

„Unglaublich! Und was haben Sie dann getan?" „Ich habe weitergemacht. Um diese Zeit begannen meine Beschwerden. Immer morgens, wenn ich beim Rasieren mein Spiegelbild sah, befiel mich eine Übelkeit, die ich nicht verdrängen konnte. Ich konsultierte mehrere Ärzte, aber ohne Erfolg. Schließlich wusste ich nur noch einen Ausweg: Ich nahm

den Spiegel ab und ließ mir einen Bart wachsen."

„Und das half?" „Anfangs schon. Der Bart harmonierte in der Öffentlichkeit sehr gut mit meinem ökologischen Image, und ich hatte im Ankleidezimmer und im Flur noch andere Spiegel. Da musste ich ja auch nicht so lange hineinschauen wie vorher beim Rasieren. Außerdem lenkte mich die Arbeit ab. Ich eröffnete damals meine ersten Filialen, und da ich ja alle meine Leute auslasten musste, erweiterte ich mein Geschäftsfeld auf den Bau von Sportanlagen. Das bescherte mir allerdings neue Probleme. Sie müssen wissen, ich war damals schon so gut im Geschäft, dass ich nicht von irgendwelchen kleinen Dorfvereinen beauftragt wurde. Die hätten mich gar nicht mehr bezahlen können. Ich arbeitete für die großen, reichen Vereine, bei denen das Geld fließt wie Wasser. Was da beim Sportanlagenbau geschieht, das kann man mit dem Wort ‚Energieverschwendung' schon gar nicht mehr ausdrücken. Turborollrasen aus industrieller Intensivproduktion, der alle paar Wochen ausgetauscht wird. Intensivbewässerung, Intensivdüngung, Pestizideinsatz, Flutlicht und Heizung von unten. Eine solche Spielfläche hat einen Stromverbrauch wie ein ganzer Wohnblock. Ich verdiente mich krumm, und gleichzeitig begann ich eine panische Angst vor dem Flur zu entwickeln."

„Vor dem Flur?" „So dachte ich zunächst. Ich glaubte, es wäre das Dämmerlicht, vielleicht eine kindliche Urangst vor der Dunkelheit, und ließ eine stärkere Beleuchtung einbauen. Aber es wurde nur schlimmer. Dann merkte ich, dass es nicht der Flur war, sondern der Spiegel. Ich konnte einfach den Gedanken nicht ertragen, mich jedes Mal selbst zu sehen, wenn ich von einem Zimmer ins andere wollte. Können Sie sich das vorstellen?"

„Ich glaube schon", sagte ich. „Sie haben den Flurspiegel abgenommen?" „Richtig", antwortete Herr Halbritter und entriss dem Ober das dritte Glas Sekt. „Was sollte ich sonst machen? Immerhin hatte ich damals schon über 100 Mitarbeiter – das ist ja auch eine soziale Verantwortung. Und die Geschäfte gingen besser denn je. Damals bekam ich auch immer mehr Preise, öffentliche Preise, Preise von Fachzeitschriften, Preise von privaten Stiftungen, um die Wahrheit zu sagen, ich hatte vorher selber nicht gewusst, wie viele Preise es in unserem Land gibt. Ich brauchte mich gar nicht mehr groß darum zu bemühen, denn die Juries waren froh, wenn sie sich die Arbeit erleichtern konnten. Man muss das verstehen, die Juroren wollen sich auch nicht jedes Mal durch einen ganzen Stapel von Teilnehmern arbeiten. Die machen es sich auch lieber einfach, wie jeder normale Mensch. Bei 20 Beiträgen, von denen sie die meisten nicht kennen, sagen sie sich: ‚Was sollen wir uns lange quälen, geben wir's dem Halbritter, und gut is'.' Wie sagt schon das Sprichwort: Der Teufel scheißt immer auf den größten Haufen."

„Ja. Vielleicht etwas derb, aber im Prinzip zutreffend. Und wie ging es Ihnen dabei?" „Naja. Es ging. Ich hatte ja nur noch den Spiegel im Ankleidezimmer, und der war auf der Innenseite von der Schranktür; ich musste also nicht hineinsehen, wenn ich nicht wollte. Das funktionierte einige Jahre ganz gut. Bis zu der Sache mit dem Klostergarten."

„Welcher Klostergarten?" „Der von den Ambrosianern in Nölzburg. Sie haben vielleicht davon gelesen. Ein wunderbarer, alter Park, beliebtes Erholungsgebiet und grüne Lunge seines Stadtteils. Der Orden hatte ihn an einen Investor verkauft, der ihn mit Wohnblocks bebauen wollte."

„Ja, ich erinnere mich. Das war doch das Projekt, gegen das damals die Bürgerinitiative gegründet wurde, nicht wahr?" „Sogar ein Bürgerbegehren. Es scheiterte knapp an der 10-Prozent-Hürde der Unterschriften, aber genutzt hätte es eh nichts, weil das Gelände ja kein öffentlicher Grund war. Der zuständige Prior der Ambrosianer schickte mir persönlich die Ausschreibungsunterlagen. Als ich sie gelesen hatte, konnte ich einfach nicht anders, ich suchte den Prior auf und fragte ihn, wie er das mit seinem christlichen Gewissen vereinbaren könne. Er antwortete, die Belange Einzelner müssten nun einmal zurückstehen, wenn es um das Gemeinwohl ginge. Da verlor ich die Nerven und schrie ihn an."

„Sie schrien ihn an?" „So ist es. Ich schrie, diese jämmerliche Ausrede vom Gemeinwohl hätte ich schon so oft gehört, dass ich dabei speien könnte. Ich schrie, mehr dem Gemeinwohl im buchstäblichen Sinne dienen als dieser wunderbare Park könne man gar nicht, und was er und alle anderen in diesem Lande unter Gemeinwohl verstünden, sei nichts weiter als der persönliche Profit einer korrupten Mafia von Geschäftemachern."

„Sehr gut. Und was sagte der Prior?" „Er sagte, er fände meine Verachtung konventioneller Werte anmaßend und ich solle mir meiner Verantwortung für die Gesellschaft bewusst sein. Wenn ich das Projekt nicht ausführen würde, würde es ein anderer tun, und ich solle mir überlegen, was ich wolle."

„Und was haben Sie dann gemacht?" „Ich habe das Projekt ausgeführt. Die Presse hielt mir trotzdem die Stange. Man schrieb, es gehöre viel unternehmerischer Mut dazu, auch einmal ein unpopulares Projekt anzupacken, aber künftige Generationen würden mir für meinen Weitblick dankbar sein. Ich erhielt zwei öffentliche Preise und ein offizielles Dankschreiben des Landrats. Und ab da begann mir der Gedanke an den Spiegel in meinem Ankleidezimmer unerträglich zu werden."

„Und da haben Sie den auch abgenommen?" „Nicht nur das. Ich verkaufte mein Haus, das mir ohnehin zu klein geworden war, und ließ mir zwei Villen bauen, eine in Grünwald und eine am Starnberger See, und beide ohne einen einzigen Spiegel. Die Parks darum herum habe ich selbst geplant. Da ließ ich mir nicht hineinreden. Ich habe über 50 Vogelarten in meinen Gärten. Sie sollten mich einmal besuchen kommen."

„Gern. Wann passt es Ihnen?" „Wann immer Sie wollen. Mein Privatsekretär wird Ihnen einen Termin machen und Sie mit meinem Privathubschrauber abholen lassen. Wo war ich stehen geblieben? Ach ja, ich weiß schon. Hallo, Herr Ober! Bitte noch ein Glas Sekt." Herr Halbritter ließ sich ein neues Glas geben, das vierte, wenn ich nicht irre, und nahm einige große Schlucke. Er schien sehr durstig zu sein.

„Der einzige Spiegel, den ich seit dieser Zeit noch ertragen konnte", fuhr er in seiner Schilderung fort, „war ein ganz kleiner Handspiegel, den ich ganz hinten in der untersten Schublade meines Schreibtisches aufbewahrte. Er war so klein, dass er nur einen winzigen Ausschnitt meines Gesichts zeigte, eigentlich schon mehr ein Schminkspiegel, und ich benutzte ihn nur in absoluten Notfällen. Wenn mir etwas ins Auge geraten war oder wenn ich das Gefühl hatte, es stecke mir etwas zwischen den Zähnen. Kennen Sie das, wenn man das Gefühl hat, es stecke einem etwas zwischen den Zähnen? Das kann einen wahnsinnig machen."

„Ich kenne es", versicherte ich und fügte hinzu: „Haben Sie weiterhin so viel an Naturschutzverbände gespendet?" „Nein, das hatte ich damals schon aufgegeben. Ich hatte ja im Umgang mit meinem Gewissen schon wesentlich mehr Übung und außerdem war, wie soll ich sagen, mein Respekt vor diesen Institutionen insgesamt etwas weniger geworden – ich weiß nicht, ob Sie das nachvollziehen können."

„Ja, ich weiß, was Sie meinen. Dann ging es Ihnen also insgesamt besser?" „Im Prinzip ja. Letztlich ist das ja alles eine Frage der Gewohnheit, und mein Erfolg ließ mir auch nicht allzu viel Zeit zum Grübeln. Es gab eigentlich nur noch eine echte Krise, das war die Sache mit der Landesgartenschau."

„Die, bei der Sie das gesamte Gelände für die Veranstaltung vorbereitet haben?" „Richtig. Sie wissen, es war eine sehr modern ausgerichtete Gartenschau, mit viel Stein und Beton und Betonstein, mit klaren Linien, sehr architektonisch. Dafür war das Gelände völlig ungeeignet. Es war ein Stück Auenlandschaft an der Lauschach, ein Gelände, das man eigentlich hätte unter Schutz stellen müssen. Sieben Orchideenarten, neun Lurcharten, über 120 Vogelarten, darunter Blaukehlchen und sogar ein Pärchen Rohrdommeln. Wir haben es platt gemacht. Entwässert, abgeholzt, aufgefüllt, planiert, na, Sie wissen ja, wie es dann aussah. War ja alles groß genug in der Presse. Bei der Eröffnung hielt der Ministerpräsident eine Rede, in der er von einer innovativen Punktlandung auf der grünen Wiese mit Initialzündungswirkung für die Entwicklung der Region sprach. Anschließend verlieh er mir den Bayerischen Verdienstorden. Und als die Veranstaltung vorbei war, bin ich nach Hause gekommen, habe den Handspiegel aus meiner Schreibtischlade gerissen und habe ihn zertrümmert. Verstehen Sie?"

„Ich verstehe. Sie haben ihn zertrümmert." „Jawohl. Ich habe ihn eigenhändig auf den Boden geschleudert und zerstampft. Und seitdem besitze ich keinen einzigen Spiegel mehr."

„Und das geht so?" „Sogar sehr gut. Ich habe für alles eine Lösung gefunden. Meine Frisur macht mein privater Friseur, wenn mir etwas ins Auge fliegt, erledigt das mein Leibarzt, meine Fliege bindet mein Butler. Nur wenn er einmal unversehens ausfällt, so wie heute, kann es passieren, dass sie etwas locker sitzt. Aber was macht das schon? Nichts im Leben ist perfekt."

„Da muss ich Ihnen recht geben", bestätigte ich. „Darf ich Sie trotzdem noch etwas fragen?" „Was immer Sie möchten", sagte Herr Halbritter und leerte mit großem Appetit sein Sektglas. „Haben Sie, wenn Sie es rundum und im Ganzen betrachten, das Gefühl, dass es das alles wert war?"

Herr Halbritter öffnete den Mund, um mir zu antworten, aber es kam nicht mehr dazu. In diesem Augenblick wurde er zu einer Ehrung auf die Tribüne vorne im Saal gerufen.

Monolog am Feierabend

Ja … Sie also: Red' ma amal offen – ha? Red' ma Klartext … Und da muss ma doch sagen: Also, jetzt amal aus rein unternehmerischer Sicht – is des doch mit den menschlichen Tugenden und Eigenschaften scho' sehr relativ – oder?! Ich mein', wenn ich des heutzutag' immer so hör', mehr Genügsamkeit, mehr Selbstbescheidung, mehr Zufriedenheit mit dem, was ma hat – alles recht und schön, aber davon, dass einer mit sei'm Garten eh scho' zufrieden is, kann doch unsereins net leben! Wissen S', was i mein'? A so a Doppelhaushälften-Buddha, der selbstgenügsam in sei'm grünen Glück meditiert und vielleicht höchstens amal anfragt, wo jetzt sein selbst gepflanzter Ginkgo-Bonsai rein fengshui-mäßig am besten hinpassert – davon kann doch i net existiern!

Oder so a Biogartler, der an ganzen Tag sein' Kompost umrührt und seine ung'spritzten Äpfel streichelt, der is doch rein unternehmerisch a komplette Fehlanzeige!

Oder Kinder! I sag's Ihnen, wie's is, das Kind als solches is aus landschaftsbaulicher Sicht ein reiner Wirtschaftsschädling! Da braucht dann der kleine Prinz in sei'm Kinderbett alle Jahr' a neue Kommandozentrale und jeden Tag dreimal Förderunterricht, weil er ja so hochbegabt is, und gartentechnisch bleibt dann nur noch ein gähnendes Haushaltsloch!

Na, also, wenn's mich fragen, der liebste Kunde, des is mir der unverkrampfte Erfolgsmensch aus der Chefetage, der jetzt amal nicht dauernd über Nachhaltigkeit und Sozialverträglichkeit und des alles nachdenkt, sondern der einfach gradaus zu mir sagt: „Herr Döblinger, ich hab' da grad hundertzwanzigtausend Euro auf der Seit'n, die müssen weg – bau'n S' mir dafür in mei'm Park eine Wohlfühloase und schau'n S' ja zu, dass nix übrig bleibt!"

Wissen S', was i mein'? Des is ja sozusagen auch eine Form von Selbstgenügsamkeit, aber eben – wirtschaftsfreundlich … Ja, was schau'n S' mich jetzt so an? Was kann ich dafür, wenn heutzutag' a jeder neoliberale Bonzenarsch a besserer Kunde is als so a tramhaperter Weltverbesserer?

Im Grund genommen war's doch scho' immer so! Wer war'n denn die großen Auftraggeber für Kunst und Gewerbe? Der König, der Adel und die Kirche – net die Zentralstelle der sozialistischen Arbeiterbewegung!

Und deswegen mein' ich einfach, dass ma des mit den Tugenden und Gut und Böse und Verantwortung und des, dass ma des alles, wie soll ich sagen, irgendwie a weng – mehr differenziert seh'n muss – ohne Schwarzmalerei!

Wissen S', was i mein'? Ja … des wollt' ich nur amal g'sagt ham.

Lambert ohne Gehsteig

Es gibt, fürwahr, seltsame Krankheiten auf der Welt, und Lambert Heindl hatte eine der seltsamsten. Er litt am Gehsteig. Nun, das soll auch anderen Grundstücksbesitzern passieren. Das Besondere an Lambert Heindls Fall aber war, dass er am Gehsteig litt, obwohl er gar keinen hatte. Oder, um es präziser auszudrücken, gerade weil er keinen hatte. Es war eine unheilbare Krankheit. Zum Glück war sie nicht tödlich. Sie deshalb jedoch als nicht ernsthaft einzustufen, hieße, seine Beschwerden in unverantwortlicher Weise zu bagatellisieren.

Doch ich will den Hergang der Reihe nach erzählen:

Also, Lambert Heindl war ein braver, ordentlicher, deutscher Grundstücksbesitzer, er war sogar ein sehr deutscher und deshalb ganz außerordentlich ordentlicher Grundstücksbesitzer, und wenn ihm auch in seiner Jugend gelegentlich eine Neigung zum Don Juan nachgesagt wurde, so waren das doch nur vorübergehende Verirrungen, die schon bald nachließen und spätestens mit seiner Verehelichung ganz verschwanden. Es ist eine Tatsache, dass Lambert Heindl seiner Gattin Helma, geborener Pfister, niemals – ich sage ausdrücklich: niemals – Grund zu irgendeiner Form von Eifersucht gab. Er hatte keine Affären, er versumpfte nicht in Kneipen und wenn er wirklich einmal einem Mädchen nachsah, so geschah dies höchstens beim Straßekehren.

Und genau hier begann sein eigentliches Problem. Denn Lambert Heindl hatte alles, was einen braven, ehrbaren deutschen Mittelstandsbürger ausmacht: eine Beamtenstellung, ein selbst erbautes Haus, einen geräumigen Garten mit einem ordentlichen Betonmäuerchen drum herum – aber er hatte keinen Gehsteig. Da, wo bei anderen Grundstücken der Gehsteig ist und auch bei seinem hätte sein sollen, da begann direkt die Fahrbahn.

Warum und wieso das so war, werden wir hier nicht ergründen können. Höchstwahrscheinlich wusste Lambert Heindl es selbst nicht, und ich halte es für zweifelhaft, ob die kommunalen Planer, die seinerzeit dafür verantwortlich gewesen waren, es einigermaßen schlüssig hätten begründen können. Unzweifelhaft ist jedoch, dass jene, die damals, sei es aus Bosheit, Geiz oder bloßer Gedankenlosigkeit, bei der Siedlungsplanung keinen Gehsteig um sein Grundstück vorgesehen hatten, die Seelenruhe von Lambert Heindl gewissermaßen mit einem planerischen Federstrich zunichte gemacht hatten.

Er litt unter diesem Manko wie unter einem hohlen Weisheitszahn, der, manchmal dumpf pochend, manchmal auch scheinbar ruhig oder nur leicht ziepend, sich doch beständig in Erinnerung bringt, den man nie ganz vergessen kann und der einem durch seine bloße Existenz alle Augenblicke des Daseins vergällt, selbst jene, die eigentlich unbeschwert und glücklich sein sollten. Wobei dieser Vergleich unzulänglich ist, denn eines hohlen Zahns kann man sich immerhin unter Aufbietung seines gesamten Mutes durch einen entschlossenen Gang zum Zahnarzt entledigen. Einen nicht vorhandenen Gehsteig jedoch kann alle Charakterstärke, aller Wagemut auf der Welt nicht herbeizaubern. Das Bewusstsein dieser Ohnmacht verstärkte noch sein Leiden.

Er litt im Frühjahr, wenn die Blütenblätter von Kirschen und Apfelbäumen überall die Gehsteige bedeckten, nur bei ihm nicht, er litt im Sommer, wenn andere Gartenbesitzer schuldbewusst ihr Fallobst von den Gehsteigen klauben mussten, nur er nicht, er litt im Herbst, wenn überall das Falllaub über die Trottoirs wirbelte, nur bei ihm nicht, und am meisten litt er im Winter, wenn alle anderen ehrbaren Bürger fluchend eine halbe Stunde eher als sonst aufstehen mussten, um in eisiger Kälte ihre Bürgersteige von Eis und Schnee zu befreien, indes er unbehelligt in seinem warmen Bett lag und sich wie ein nutzloser Parasit fühlte.

Regelmäßige Höhepunkte seines Leidens waren auch die Samstagvormittage, wenn alle anderen Grundstücksbesitzer, mit Besen und Eimer bewaffnet, am Gehsteigkehren waren, während ihm dieses Symbol tätigen Besitzbürgertums verwehrt blieb. Am meisten aber schmerzte ihn die Gleichgültigkeit, das geradezu rohe Unverständnis der Umwelt für sein Leiden. Konnte denn niemand ermessen, was es bedeutet, stets und immer von einem so elementaren Bestandteil des Alltagslebens ausgeschlossen zu sein? Wenn dann gar noch an einem dieser bewussten Samstagvormittage zwei Nachbarn an den Grenzen ihrer Reviere zusammentrafen und sich voll behaglichen Ärgers über die Nachlässigkeit der Gemeinde unterhielten, die rein gar nichts zur Instandhaltung der Gehsteige tue, so dass alles an den Anwohnern hängen bleibe, wenn er sich womöglich noch Kommentare anhören musste wie: „Ach, Lambert, sei froh, dass du keinen Gehsteig hast!" – dann hätte Lambert Heindl am liebsten geweint.

Natürlich versuchte er alles Mögliche, die schmerzliche Lücke in seinem Leben auf andere Weise auszufüllen. Er entwickelte eine hektische Aktivität in allen möglichen Vereinen, er half seiner Frau im Haushalt, auch wenn sie ihn noch so inständig bat, davon abzusehen, er erzog seine Kinder mit einer selbst heutzutage ungewöhnlichen Penetranz, er trat dem Kirchenvorstand bei und machte den Jagdschein.

Am meisten aber hatte sein Garten unter seiner Unausgefülltheit zu leiden, den er beständig mähte, striegelte und stutzte, bis eines Tages eine renommierte Gartenzeitschrift ein Foto seiner rabiat verschnittenen Magnolie unter der höhnischen Überschrift „Ein Hoch auf die Säge" veröffentlichte.

Als alle diese Versuche nichts halfen, entwickelte er ein Verhalten, das man im medizinischen Sinne als „Verdrängungskompensation" bezeichnen könnte: Er tat einfach so, als ob der fehlende Gehsteig doch vorhanden wäre. Er räumte, streute und kehrte einen gehsteigbreiten Streifen der Fahrbahn entlang seines Grundstücks, und mehr als einmal kam es vor, dass unaufmerksame Autofahrer ihn beinahe anfuhren. Sagte ich vorhin, dass sein Leiden nicht tödlich war? Jetzt fehlte mitunter nicht mehr viel, dass sich das geändert hätte. Dies wiederum führte zu ehelichen Spannungen. Helma Heindl, geborene Pfister die die Gehsteigmanie ihres Gatten bis dahin geduldet hatte, ohne sie zu teilen, wurde nun zunehmend obstinat und verlangte scharfen Tones, er solle doch diesen Blödsinn lassen und sie habe keine Lust, wegen eines nicht vorhandenen Gehsteigs vorzeitig zur Witwe zu werden

Die Lage verschärfte sich noch mehr, als Lambert Heindls Söhne heranwuchsen und er – gewissermaßen als Testfall seiner väterlichen Autorität – auch sie zum Vollzug seiner Übersprungshandlung anzuhalten begann. Die beiden jungen Männer, erfüllt von jener rücksichtslosen Lebensfreude, die weder Opfermut noch Ideale kennt, und unempfänglich für die seelischen Nöte ihres Vaters, reagierten auf sein Ansinnen lustlos und mürrisch.

Besonders sein jüngerer Sohn Philipp erwies sich als problematisch. Er hatte allerlei verquere Ideen, machte beispielsweise aus eigenem Antrieb das Abitur nach, abonnierte eine englischsprachige Wochenzeitschrift, bestellte auf dem Versandweg Bücher von Böll, die er gelegentlich sogar las, trat aus dem Fußballverein aus – kurzum, er erfüllte alle Voraussetzungen, um in einer ehrbaren, katholischen, unterfränkischen Umgebung als Revolutionär zu gelten. Dieser jugendliche Anarchist hatte für die Gehsteigsehnsüchte seines Vaters nur Hohn und Spott übrig, und so kam es – kurz nach Philipps 17. Geburtstag – zu einer üblen Konfrontation. Als Lambert Heindl ihn am Samstagvormittag aufforderte, den Gehsteig zu kehren, fragte Philipp mit unüberhörbarem Sarkasmus in der Stimme, von welchem Gehsteig er denn spräche. Das war natürlich ein glühender Nadelstich in Lambert Heindls Wunde; doch als er voll Zorn und Schmerz protestierte, sagte Philipp nur: „Alter, du spinnst!" – und verließ, eine progressive Melodie pfeifend, das Haus. Vor Ingrimm bebend, griff Lambert Heindl selbst zu Besen und Eimer und machte sich ans Werk, wobei er nur knapp einem polnischen UPS-Fahrer entging, der auf der Suche nach dem Lerchenweg und daher abgelenkt war.

Lambert Heindl begann sich selbst lästig zu fallen. Er spürte von Tag zu Tag mehr, wie in ihm eine blindwütige Verlegenheit heranwuchs, der nichts und niemand würde standhalten können.

Etwas musste geschehen. Vielleicht hätte er in weiterer Folge Verzweiflungstaten von tragischem Ausmaß vollbracht, vielleicht hätte er auf Passanten geschossen oder sein Grundstück verkauft – doch es kam anders. Gerade um diese Zeit traten einige Personen an ihn heran, die eine, wie sie meinten, bahnbrechende Geschäftsidee entwickelt hatten. Es gab wenige Kilometer von der Siedlung entfernt eine Schweinemastanlage, deren Besitzer, wie es damals üblich war, eine Biogasanlage errichtet hatte. Die Idee bestand nun darin, dass alle Haushalte der Siedlung ihre Heizungsanlagen entfernen lassen und mit dem Biogas der besagten Mastanlage heizen sollten. Einige fanden den Einfall genial. Andere hielten den Gedanken, die Beheizbarkeit ihrer Häuser vom weiteren Gedeihen eines einzelnen Landwirtschaftsbetriebs abhängig zu machen, für ausgesprochen blödsinnig. Und da letztere leider die Mehrheit bildeten und da das Projekt auf diese Weise nicht die nötige Menge an Interessenten fand, trat man an Lambert Heindl heran und fragte ihn, ob er nicht Vorstandsvorsitzender der geplanten Heizungsgenossenschaft werden wolle.

Er wollte. Er sagte mit Begeisterung zu. Er hatte seine ganz persönlichen Gründe dafür. Und er ging mit größtem Elan daran, die Anwohner zu überzeugen. Fortan gab es keine Zeit und keine Gelegenheit mehr, zu der man vor Lambert Heindl sicher war. Er sprach Leute auf der Straße an, er klingelte zu den unmöglichsten Zeiten an den Türen, er verschickte flammende, wenn auch nicht ganz grammatikalische Briefe, lauerte an Ecken und schien überall und nirgends zugleich zu sein.

Er hatte eine hohe, unangenehm heisere Stimme, nicht unähnlich der des verewigten Schauspielers Vadim Glowna, die nun überall und ständig in den Straßen zu hören war. Vor allem an den Samstagvormittagen, wenn die ehrbaren Bürger beim Kehren ihrer Gehsteige waren und daher nicht auskonnten, schlug er zu und brachte so manchen an den Rand seiner Nervenkraft. Es gab Leute, die ihn zu meiden begannen wie eine ansteckende Infektionskrankheit oder, ihre Besen und Eimer im Stich lassend, ins Haus flüchteten, wenn sie ihn kommen sahen. Natürlich waren diese Versuche sinnlos. Man kann seinem Schicksal nicht entrinnen, schon gar nicht, wenn es in der Person eines Lambert Heindl daher kommt. Es dauerte einige Zeit, doch schließlich kam es, wie es kommen musste: Seine Ausdauer, seine Überzeugungskraft – oder sollen wir sagen: seine schiere Penetranz? – trugen den Sieg davon.

Das Projekt Biogasheizung wurde in Angriff genommen. Es kamen zuerst einige Experten und Projektanten, dann verschiedene

Baumaschinen und in ihrem Gefolge die Anarchie und das Chaos. Binnen weniger Wochen war die Hälfte der Gehsteige in der Siedlung aufgegraben und die andere Hälfte von heimat- und stellplatzlos gewordenen Autos zugeparkt. Die Anwohner wankten verstört zwischen Gruben und Schuttbergen umher, versuchten vergeblich, die Pressluftbohrer und Rüttelplatten zu überschreien, machten einander Handzeichen, die niemand verstand, und flohen schließlich resigniert zurück in ihre Behausungen.

Und wie es bei derlei Vorhaben zu sein pflegt: Als alles aufgegraben und das Chaos am größten war, stellten die Planer fest, dass sie sich bei den Planungen in diesem und jenem geirrt hatten, dass alles ganz anders als gedacht war und dass die baulichen, organisatorischen und vor allem die zeitlichen Vorgaben des ehrgeizigen Projekts nie und nimmer einzuhalten waren.

Die Zeit verstrich. Einzelne Schuttberge begannen sich bereits sanft zu begrünen, die Kriegsgeneration, soweit noch vorhanden, fühlte sich in ihre Jugend zurückversetzt, jüngere Kinder, die es nicht anders kannten, begannen den Zustand für normal zu halten und der Rest der Anwohner ärgerte sich schwarz. Es gab nur einen Menschen, der in jenen schweren Monaten wunschlos glücklich war, und das war Lambert Heindl. Er blühte förmlich auf, fühlte sich von Tag zu Tag jünger, sein Schritt nahm an Spannkraft zu, sogar sein Haupthaar begann wieder üppiger zu wachsen. Mit größerem Weitblick gesegnet als die naive Dorfbevölkerung ringsum, hatte er diese Entwicklung vorausgesehen und fühlte sich nun am Ziel. Denn: Er hatte zwar noch immer keinen Gehsteig, das ließ sich nicht leugnen, aber er hatte nun die unaussprechliche Genugtuung, dass alle anderen auch keinen Gehsteig hatten. Endlich, nach so vielen Jahren, fühlte er sich aus seiner Isolation befreit. Es störte ihn auch nicht, dass etliche seiner Nachbarn ihn als die eigentliche Ursache ihres Verdrusses ansahen und ihm grollten, denn er fühlte ganz richtig, dass jedes große Ziel seinen Preis hat, den man zu seiner Verwirklichung eben zahlen muss. Wer darüber nachdenkt, wird in der Geschichte zahlreiche Entsprechungen zu dieser Handlungsweise finden.

So hat Lambert Heindls Geschichte zumindest vorläufig ein überaus glückliches Ende genommen. Was allerdings geschehen soll, falls die Bauarbeiten eines Tages doch noch zu einem Abschluss gelangen sollten – das ist eine Frage, die an dieser Stelle unbeantwortet bleiben muss

Goethes Silberblatt

Von den vielen Vorurteilen, die über uns Gärtner kursieren, ärgert mich kaum eines mehr als das alberne Klischee, wir würden uns nur für gärtnerische Belange und unsere Pflanzen interessieren. Die eingleisigen Tröpfe, die so etwas kolportieren, schließen vielleicht von sich auf andere, weil sie selbst einen so engen Horizont haben. Auf uns jedenfalls trifft das nicht zu. Wir sind ungemein vielseitig interessierte Menschen, aufgeschlossen für alles Schöne, vor allem für kulturelle Dinge. Zum Beispiel für Musik (man denke nur an Vivaldis „Vier Jahreszeiten", die in selten einfühlsamer Weise das Wachsen und Vergehen der Natur darstellen), für Malerei (ich könnte vor Begeisterung hinschmelzen vor van Goghs Sonnenblumen oder Monets Seerosen) und ganz besonders für Lyrik. Was könnte schöner sein als Goethes liebliches Gedicht „Gefunden":

Gefunden
Ich ging im Walde
So für mich hin,
Und nichts zu suchen,
Das war mein Sinn.
Im Schatten sah ich
Ein Blümchen stehn,
Wie Sterne leuchtend,
Wie Äuglein schön.
Ich wollt es brechen,
Da sagt es fein:
Soll ich zum Welken
Gebrochen sein?
Ich grub's mit allen
Den Würzlein aus.
Zum Garten trug ich's
Am hübschen Haus.
Und pflanzt es wieder
Am stillen Ort;
Nun zweigt es immer
Und blüht so fort.

Ich finde dieses Gedicht zutiefst anrührend. Was kann man alles für das eigene Leben daraus ableiten! Zum Beispiel die Erkenntnis, dass sorgsam durchgeführtes Umpflanzen auch während der Vegetationsperiode durchaus erfolgreich sein kann oder dass die grässliche Unsitte, blühende Pflanzen gedankenlos abzurupfen, um sie dann ganz sinnlos in einer Vase verderben zu lassen, einem großen Geist mit Recht missfallen muss.

Vor allem aber bewegt einen beim Lesen zweifellos die Frage, von welcher Pflanzenart wohl die Rede sein mag. Die Behauptung, das Gedicht sei erfunden und handle von gar keiner konkreten Pflanze, erscheint mir als abwegiges Produkt heutiger Unwissenheit.

Goethe war ein begeisterter und höchst versierter Botaniker, der nicht einfach so substanzlos herumsülzte, wie es unsere heutigen Schöngeister zu tun pflegen. Er wusste genau, wovon er sprach. Und wenn er es wusste, müsste es auch für uns herauszufinden sein.

Wollen wir mal sehen. Es muss sich, daran lässt das Gedicht keinen Zweifel, um eine Waldpflanze handeln, und zwar um eine schattenliebende Waldpflanze, nicht etwa um einen Lichtungsbewohner oder einen Geophyten. Der Hinweis „im Schatten sah ich" weist vielmehr eindeutig darauf hin, dass es sich um eine Art handeln muss, deren Blütezeit nach dem Laubaustrieb liegt.

Nun weiter. Was also sah Goethe im Schatten stehen? „Ein Blümchen/Wie Sterne leuchtend/Wie Äuglein schön." Das sagt schon eine ganze Menge aus. Es muss sich also um eine Pflanze mit radialsymmetrischen Blüten handeln – von einem Lippenblütler beispielsweise hätte Goethe sich kaum an einen Stern erinnert gefühlt – und sie muss eine leuchtende Blütenfarbe haben. Die Farbe selbst ist natürlich blau, daran gibt es gar keinen Zweifel. Es heißt ja ganz deutlich, die Blüten hätten wie Äuglein gewirkt, also scheiden weiß, gelb oder gar rot gänzlich aus. Das wären ja schöne Äuglein, die weiß, gelb oder rot dreinschauen!

Nein, wir haben es mit einer blau blühenden, schattenliebenden Waldpflanze mit radialsymmetrischen, leuchtenden Blüten zu tun, die etwa ab Mai blüht.

So weit sind wir schon. Was käme da wohl in Frage? Veilchen, Leberblümchen und dergleichen scheiden von vornherein aus, da sie alle schon zu früh blühen. Außerdem sind das recht verbreitete Arten, die Goethe wohl kaum so bemerkenswert erschienen wären, dass er sie hätte mitnehmen wollen. Es muss sich also um eine relativ seltene Pflanze handeln, eine, die man nicht alle Tage antrifft.

Vielleicht ein Waldvergissmeinnicht (Myosotis sylvatica)? Nein. Wie heißt es zu Beginn der dritten Strophe? „Ich wollt' es brechen" – das kann unmöglich eine Pflanze sein, die kissenartige Bestände bildet und zudem weiche, biegsame Triebe hat. Nein, es muss sich vielmehr um eine Art handeln, die einen hochwachsenden Spross ausbildet, mit einem steifen und folglich brüchigen Stängel. Sie muss weiterhin in einem räumlich eng begrenzten Bereich wachsen, denn Goethe schreibt ja ausdrücklich, er habe sie ganz ausgegraben – „mit allen Würzlein" – und nicht etwa nur einen Ableger genommen. Da käme schon einiges in Frage.

Wie wäre es mit einer Campanula persicifolia? Aber nein, eine glockenförmige Blüte hat ja nichts Sternenartiges, und zudem heißt es in der letzten Strophe „nun zweigt es immer/ Und blüht so fort." Es muss also eine Pflanze sein, die auf einem hoch aufragenden Stängel einen Blütenstand ausbildet, der sich immer weiter verzweigt und dabei immer neue Blüten ausbildet.

Wenn man alle diese Merkmale betrachtet, kommt eigentlich nur eine Lunaria rediviva infrage, zu Deutsch „Wildes Silberblatt". Da stimmt alles: Ein Bewohner schattiger, luftfeuchter Au- und Schluchtwälder, bildet einen 30 bis 140 cm hohen, verzweigten Blütenstand mit leuchtend hellvioletten, vierblättrig-sternenförmigen Blüten, blüht von Mai bis Juli und ist ziemlich selten.

Kein Wunder, dass Goethe davon begeistert war, ich wäre es auch gewesen. Aber da sehen Sie, wie fruchtbar und ergiebig Lyrik sein kann, wenn ein Gärtner für Gärtner dichtet. Denn Goethe, damit Sie's nur wissen, war auch einer von uns. Das hätten Sie sich nicht träumen lassen, nicht wahr, Sie mit Ihrer blässlichen gymnasialen Intellektuellenbildung! Wie?! Was?! Natürlich nicht! Da können Sie mal sehen! Und wenn jetzt immer noch einer aufläuft und behauptet, wir Gärtner seien nicht vielseitig interessiert, dann kann er mich gern haben!

[92]

Ein zukunft-weisendes Modell

Ich war in einem Schulzentrum in einer aufstrebenden stadtnahen Wohngemeinde. Wie das in aufstrebenden stadtnahen Wohngemeinden zu sein pflegt, war das Schulzentrum neu, und wie alle neuen Schulzentren verfügte es über eine geräumige Aula, die, eben wegen ihrer Geräumigkeit, nur entlang der verglasten Seitenwände einigermaßen hell war, in den Tiefen ihres Innenraums aber in zunehmendem Dunkel lag. Durch diese Düsternis und durch den ebenfalls allen neuen Aulen gleichen Grundbauplan – ein vertieft liegender Innenbereich, der seitlich von erhöhten Gängen umrahmt wird – fühlt man sich in solcher Umgebung unwillkürlich an die Katakomben eines altrömischen Amphitheaters erinnert. Wenn die Schüler in Erwartung einer Mathematikstunde durch eine solche Aula irren, fühlen sie sich vermutlich nicht viel anders als seinerzeit die Gladiatoren, bevor sie hinaus zu den Löwen – aber ich merke schon, dass ich abschweife. Grässliche Gewohnheit. Ich werde versuchen, mich zu bessern.

Ich war also in jenem Schulzentrum, der Anlass interessiert jetzt nicht weiter, ich kam in die Aula, die Aula war, da es draußen eher bedeckt war, noch düsterer als gewöhnlich – und nachdem sich meine Augen an die Schummerbeleuchtung gewöhnt hatten, gewahrte ich in einem der seitlich erhöhten Gänge eine Reihe von Pflanztrögen, die mit allerlei Zimmerpflanzen bestückt waren. Nun muss man wissen, dass Pflanzen ein gewisses Maß an Licht insofern sehr viel nötiger zum Leben brauchen als sämtliche Tiere, als sie es unverzichtbar zur Photosynthese benötigen.

Liegt die Lichtintensität unterhalb eines bestimmten Schwellenwertes, kann die Pflanze keine Kohlehydrate mehr produzieren. Eine dunkel stehende Pflanze wird nicht nur blass oder depressiv, sondern verhungert. Wie viel Licht mindestens notwendig ist, hängt von der Art ab; der Schwellenwert liegt logischerweise bei einem Wüstenkaktus höher als bei einem Urwaldfarn. Die meisten unserer handelsüblichen Zimmerpflanzen stammen aus dem Unterholz tropischer Wälder. Sie kommen mit vergleichsweise bescheidenen Lichtstärken aus, doch mehr als zwei Meter Entfernung zum nächsten Fenster vertragen auch sie nicht. Diese Pflanztröge jedoch waren mindestens 10 Meter von der Fensterfront entfernt, und die Helligkeit ihres Standorts entsprach etwa der in einer verrufenen Bar, in der zwielichtige Gäste zu ihrem Whisky on the rocks einen nicht registrierten Revolver bestellen.

Das machte mich stutzig. Ich tastete mich also durch das Halbdunkel bis zu den Trögen hin und nahm die grünen Bewohner in Augenschein. Es waren Nephrolepis, Monstera, Philodendron, Asplenium nidus – und sie alle waren aus Kunststoff. Das zeigte sich freilich erst bei genauester Betrachtung aus allernächster Nähe. Sämtliche Details waren geradezu meisterhaft kopiert, angefangen von der für öffentliche Gebäude typischen Mickrigkeit des

Wuchses bis hin zur Staubschicht auf den Blättern. Die synthetischen Gesellen standen, auch hierin stimmig, in Hydrokultur-Blähton, der sogar mit Wasserstandsanzeigern versehen war. Es würde mich nicht wundern, wenn der Hausmeister gelegentlich Wasser eingefüllt hätte. Die täuschende Echtheit des ganzen Arrangements hatte etwas Faszinierendes an sich, und so verfiel ich – trotz der überaus uninspirierenden Wirkung, die eine schulische Umgebung auszuüben pflegt – auf einen geradezu atemberaubenden Gedanken.

Täuschend echt imitierte Lebewesen, die optisch den Originalen gleichen, sie aber an Anspruchslosigkeit bei Weitem übertreffen. Sollte das nicht ein Zukunftskonzept mit ungeahnten Möglichkeiten sein? Man muss sich ja dabei nicht auf Pflanzen beschränken. Was der Pflanze recht ist, sollte auch dem Tier billig sein. Nehmen wir nur all die Leguane, Pythons und Chamäleons, die in den Wohnungen zahlloser Exotenfreaks in engen Terrarien ihr Dasein fristen. Sie alle könnte man durch täuschend echte Kunststoffimitationen ersetzen. Diese würden ebenso reglos herumsitzen wie ihre lebendigen Vorbilder, wären aber weitaus günstiger im Unterhalt. Auf Heizung, Luftbefeuchtung, UV-Lampen und ähnliche kostenintensive Extravaganzen, die diese heikligen Geschöpfe durchaus nicht missen wollen, könnte man getrost verzichten, ebenso auf dauerzirpende Futterheuschrecken und lästige Reinigungsaktionen. Der Kunststoffleguan bleibt auch ohne solche Extras stets frisch und formschön, er kann, wenn sein Besitzer gerade anwesend ist, durch eine einfache Energiesparlampe wirkungsvoll in Szene gesetzt werden und braucht nicht einmal diese, wenn er allein ist. Außerdem ist er haltbarer und behält stets die gewünschte Größe. Und das gilt nicht etwa nur für Reptilien.

Täuschend echt nachgemachte Kunststoffkinder wären endlich mühelos mit den berechtigten Wünschen ihrer Eltern nach beruflicher und privater Selbstverwirklichung in Einklang zu bringen. Sie könnten in der Schule in beliebig großen Klassen von einem Minimum an Lehrkräften betreut werden, ließen sich zu Hause ohne schlechtes Gewissen vor dem Fernseher parken und würden alle aufreibenden Debatten um Ganztagsbetreuung, ADHS-Therapien und Lehrer-Burnout mit einem Schlag beenden. Zu gegebener Zeit könnten sie dann gegen täuschend echt nachgemachte Kunststoffteenager ausgetauscht werden, die mit entsprechend glasigem Blick ausgestattet und vor einem Computer platziert garantiert nicht von ihren realen Vorbildern zu unterscheiden wären.

Gut, der Umsatz der Handy-Betreiber würde einbrechen, doch könnte man im Gegenzug wiederum all die zahllosen Handy-Sendemasten gegen täuschend echt nachgemachte, garantiert strahlungsfreie Kunststoffimitate austauschen.

Ebenso wären täuschend echt nachgemachte Kunststoffehemänner für jede moderne Frau eine ideale Lösung. Abends setzt man ihn mit einem Schälchen täuschend echt nachgemachter Kunststoff-Salzstangen und einer täuschend echt nachgemachten Kunststoff-Bierflasche vor den Fernseher, schaltet einen Sportkanal ein und genießt, solange man will, authentische Eheatmosphäre. Morgens vor dem Weggehen deponiert man den synthetischen Lebensgefährten mit anderen Alltagsgegenständen in der Abstellkammer.

Was meinen Sie? Der Kunststoffehemann kann keine Reparaturen im Haushalt durchführen? Na und? Der echte kann es auch nicht, doch seine Nachbildung richtet wenigstens nicht mit erfolglosen Versuchen in dieser Richtung Schäden an. Zudem schnarcht er nicht, bleibt schlank und bekommt keinen Haarausfall. Sollte man ihn dennoch einmal über haben, so erfordert die Trennung kein aufwendiges Scheidungsverfahren, sondern lässt sich zügig durch eine Umtauschaktion oder eine Fahrt zum nächsten Wertstoffhof bewerkstelligen.

Und welch ungeahnte Möglichkeiten böte die Anwendung dieses Prinzips im Beamten- und Verwaltungsapparat! Welche Einsparung für den Staatshaushalt ließe sich durch täuschend echt nachgemachte Kunststoffbeamte in sämtlichen Verwaltungs- und Genehmigungsbehörden erzielen! Ohne Zweifel hätten sie auf das Bearbeitungstempo von Aktenvorgängen keine merklichen Auswirkungen, würden aber in Umgangston und Ausstrahlung eine spürbare Verbesserung der Atmosphäre in deutschen Amtsstuben erzielen. Den gleichen Effekt hätte der Einsatz täuschend echt nachgemachter Kunststoffrichter im Justizwesen. Mit ihnen gingen Prozesse auch nicht schleppender voran als mit den Originalen, doch würden die Kunststoffnachbildungen weniger dumme Fragen stellen und sinnlose Gutachten in Auftrag geben.

Am wohltuendsten, ja geradezu segensreich wären die Auswirkungen jedoch in der Politik. Der Einsatz von Kunststoffpolitikern würde zweifellos einige der drängendsten Probleme der Menschheit lösen. Zugegeben, dass Kunststoffparlamentarier ebenso nutzlos herumsitzen würden wie ihre lebendigen Vorbilder, zugegeben auch, dass sie in Eloquenz und Individualität ebenso unergiebig wäre wie jene – doch wie viel besser wären wir dran, wenn man all die unfähigen, selbstsüchtigen, korrupten und kurzsichtigen Machthaber der verschiedenen Länder durch gütig lächelnde und weise schweigende Nachbildungen aus Kunststoff ersetzen würde. Keine Kriege mehr. Keine Ideologien mehr. Keine schablonenhaften, verlogenen, phrasenüberwucherten Ansprachen mehr! Und an Silvester könnte man ja statt des Neujahrsgrußes des jeweiligen Kanzlers einfach noch eine Wiederholung von „Dinner for one" senden.

Schauen Sie nicht so waidwund drein, meine Freunde, ich weiß selbst, dass ich träume. Man gerät manchmal ins Träumen, auch heutzutage, auch in der trostlosen Aula eines modernen Schulzentrums. Und doch lasse ich mir nicht nehmen, dass meine Idee, zumindest im kleinen Rahmen, ebenso praktikable Anwendung finden könnte wie bei den Kunststofffarnen in den Trögen einer düsteren Schulaula. Das glauben Sie nicht? Dann gebe ich Ihnen ein letztes Beispiel, das Ihre Bedenken umgehend zerstreuen wird. Stellen Sie sich vor, Sie wollen dieses Buch nicht weiterlesen, weil es Ihnen nicht gefällt oder weil Sie sich davon intellektuell überfordert fühlen: Dann könnten Sie es einfach einer täuschend echten Kunststoffnachbildung Ihrer selbst in die Hand drücken, diese gut sichtbar in Ihrem Lesesessel platzieren und schlafen gehen.

In der Baumschule haben sie gesagt, er wäre ein Bonsai; man wird reklamieren müssen.

Wirtschaftskommentar eines gewesenen Kindes

Gestern Nachmittag kam mit der Post – die Post kommt bei uns immer nachmittags, aber ich will mich nicht beschweren, man muss dankbar und glücklich sein, wenn sie überhaupt kommt – also, gestern Nachmittag kam wieder mal ein dicker, unbestellter Katalog von einem Hersteller von Spielgeräten für Kinderspielplätze. Darin stand, dass kein wahrhaft kinderlieber Mensch – und natürlich erst recht kein kinderlieber Landschaftsgärtner – an der Verwendung dieser Spielgeräte vorbei käme. Eine glückliche Kindheit ohne diese Spielgeräte sei undenkbar und nach fachlichem Ermessen überhaupt unmöglich.

So etwas geht mir auf den Wecker. Ich bin kein kinderlieber Mensch. Ich konnte kinderliebe Menschen schon als Kind nicht leiden. Ich empfand sie als aufdringliche, unappetitliche Plagegeister, die ölig lächelten, mich in die Wange kniffen und fade Bemerkungen darüber machten, wie viel ich schon wieder gewachsen sei. Wie hasste ich den Vater meines besten Freundes Ralfi! Er war ein junger, extrem kinderlieber Mann mit ungenügendem Haarwuchs und studierte irgendwas mit Pädagogik. Sowie er meiner ansichtig wurde, löcherte er mich mit endlosen Fragen über mein Befinden, meine Hobbys und meine Lieblingsfächer. Sehr lästig!

Ralfis Opa war mir lieber – ein muffiger, waschechter Franke mit dem Charme einer Drahtbürste. Er saß den ganzen Tag Zigarre rauchend und Zeitung lesend in einer Ecke und ignorierte uns. Nur wenn wir gar zu sehr lärmten, ließ er die Zeitung kurz sinken und sagte: „Z'ammkrümpfeln könnt' ich euch, ihr Krüppel, ihr elenden."

Das war klar, präzise, herzlich und störte vor allem nicht. Wir waren ja auch grässlich, nicht hochbegabt, nicht sensibel, nicht einmal übergewichtig; wir lärmten, tobten überall herum und ließen nur Spielplätze links liegen. Jeder kinderliebe Spielgerätehersteller hätte uns verabscheut.

Was will ich damit sagen? Es ist normal, dass jeder sich die Menschen als ideale Kunden wünscht. Rechtsanwälte wollen, dass gestritten, Ärzte, dass gelitten und Bestatter, dass gestorben wird. Wird ja auch. Es wäre eine Illusion zu glauben, dass man vor Kindern als Konsumzielgruppe Halt macht. Nur sollte man vor lauter kindgerechter Freiraumgestaltung, kindgerechter Frühförderung und kindgerechter Erlebnispädagogik nicht völlig vergessen, Kindern auch ihren eigenen Willen zuzugestehen. Manchmal wollen Kinder, auch wenn es nicht wirtschaftsfördernd ist, einfach nur ihre Ruhe. Wie wir Landschaftsgärtner übrigens auch.

Das mürrische Baby

Ich kam von einem beruflichen Einsatz, und es war kurz vor Bergtheim, als mein Wagen mir zu verstehen gab, dass er sofortiger Nahrungsaufnahme bedürfe. Ich entsprach seinem Wunsch und bog in die Tankstelle Lichtlein ein, die direkt an der Straße lag. Von dort hat man einen sehr schönen Blick auf das heutige Leben in einer beschaulichen Randgemeinde. Genauer gesagt, auf den tosenden Verkehr, der durch diese Randgemeinde hindurchströmt und auf die hustenden Fußgänger, die sich rechts und links der Blechlawine ihren Weg durch die Abgasschwaden suchen.

Während ich die Zapfpistole in den Tank schob, näherte sich auf dem Bürgersteig neben mir ein älterer Herr mit einem jüngeren Baby. Das Baby trug eine weiße Wollmütze auf dem Kopf und einen braunen Strickteddybären in der Hand. An der anderen Hand hielt es den mutmaßlichen Großvater. Oder war's der Großvater, der das Baby hielt? Wer wollte das schon sagen. Die Dinge sind nicht immer so, wie sie auf den ersten Blick scheinen. Jedenfalls: Es war das Baby, das, auf meiner Höhe angekommen, die Schritte verhielt, das stehen blieb, das schließlich – unter Mitnahme des Großvaters – mit offenkundigem Interesse näher hinzu trat. Es musterte eingehend meinen Wagen, die Zapfsäule, den Benzinschlauch, die Tanköffnung, die etwa in Höhe seiner – ich sagte es schon: weißen – Wollmütze war, und ich hatte den Eindruck, als gefiele ihm das alles gar nicht. Es stieß einen tiefen Seufzer aus und seine Miene verdüsterte sich zusehends.

Der Großvater fand, es sei nun an der Zeit, seine pädagogischen Pflichten an dem bemützten Toddler zu erfüllen. „Des Audo wird aufgedankt", ließ er das Baby wissen. „Da, durch dera Schläuch', fließt des Benzin 'nei." Das Baby runzelte die Stirn. Das Benzin gluckerte leise. Die Zahlenräder an der Zapfsäule surrten. „Wemma des Audo net würd' aufdank'", setzte der Großvater seine Instruktionen fort, „könnt's net weiderfahr. Dann würd's eifach steh bleib!"

Man muss zugeben, dass seine Ausführungen, wenn auch aus technischer Sicht etwas lapidar, durchaus den Kern der Sache trafen. Indes, das Baby schien mit den ihm angebotenen Erklärungen nicht zufrieden. Ob es nun mehr Hintergrundinformationen gewünscht oder sich womöglich lieber selbst ein Bild gemacht hätte, ohne vorweg genommene Belehrungen des Großvaters und sozusagen unvoreingenommen – jedenfalls gaben seine Mundwinkel nun rapide der Erdanziehungskraft nach und seine ganze Haltung drückte unverkennbar tiefste Unzufriedenheit aus.

Natürlich blieb das dem Großvater nicht verborgen. Er verstärkte seine Bemühungen, er versuchte mehr denn je durch Bildhaftigkeit der Sprache und Klarheit im Ausdruck, den kniehohen Zuhörer für sich zu gewinnen – vergeblich. Je eindringlicher er vortrug, je mehr er sich bemühte, desto mürrischer und griesgrämiger wurde das Gesicht des infantilen Mützenträgers, und als der Großvater mit den Worten schloss „Und wemma ferdich gedankt hat, dann muss ma da nei des Häusli geh und Geld bezahl." – da begann das Baby laut zu heulen. Der Großvater betrachtete es ratlos. „Ich wess net, was er hat", sagte er zu mir, „und des bassiert alsemal, wenn er a Dankstelle sieht."

Er nickte mir zu und sie entfernten sich alle vier: der Großvater, das Baby, die Wollmütze und der Strickteddybär. Ich sah ihnen nach, bis das Heulen des Babys im Verkehrslärm verklang. Dann ließ ein Klicken an der Zapfsäule erkennen, dass der Tank voll war. Mein Blick wanderte auf die Anzeige an der Zapfsäule, die den nunmehr zu zahlenden Betrag angab. Schlagartig begann ich die Gefühle des Mützenbabys zu verstehen.

„Hätte ich doch auf meinen Vater gehört,
dann wäre ich heute Staubsaugervertreter und hätte meine Ruhe."

Die immer da sind

Der Mensch ist ein geselliges Wesen, und so ist es kein Wunder, dass er vorwiegend unter seinesgleichen leidet. Mensch und Mensch zusammen am gleichen Platz ist schwierig, war's immer schon. „Wo findet ein Mann sein Glück? Draußen in der Steppe – allein", sagt schon ein altes mongolisches Sprichwort. Mag sein, dass das in der Mongolei noch immer funktioniert – in Deutschland jedenfalls sind einsame Steppen, in denen ein Mann sein Glück finden könnte, mittlerweile Mangelware geworden.

Das gilt vor allem für's Berufsleben, in dem sich pausenloser Kontakt mit anderen Menschen selten vermeiden lässt. Je mehr der in die Masse eingezwängte Erwerbstätige darunter leidet, umso heftiger beneidet er jene wenigen glücklichen Berufe, in denen es anders ist. Die von Kunden gemobbten Dienstleister, die von Dienstleistern gemobbten Kunden, die outgeburnten Lehrer und ihre genervten Psychotherapeuten, die Polizisten und die Ganoven, die Richter und die Anwälte, die Politiker und ihre Parteifreunde – sie alle blicken neidvoll auf die wenigen Auserwählten, deren Berufsalltag sich am stillen Busen der Natur abspielt und für die die Begegnung mit dem Mitmenschen eine Ausnahme darstellt. Zum Beispiel Förster. Oder Wildhüter. Oder Gärtner. Das müssen doch die letzten glücklichen Menschen sein, oder etwa nicht? Ja, so denkt sich das der kleine Moritz, wenn er von seinen dreizehn Tanten geknuddelt wird.

In Wahrheit ist auch der Berufsalltag jener knorrigen Naturburschen längst nicht mehr so wohltuend menschenfrei wie er es vielleicht früher einmal war. Der Förster begegnet heute allenthalben Waldarbeitern, die er maßregeln muss, der Wildhüter begegnet Wilderern, die er erschießen muss, und bei uns Gärtnern ist es ganz schlimm. Wie einst Edward VII., der Nachfolger Queen Victorias, klagte, für ihn würde es nicht nur einen ewigen Gott, sondern auch eine ewige Mutter geben, so gibt es für uns heute den ewigen Kunden. Oder, präziser ausgedrückt, den ewig anwesenden Kunden. Vorbei sind die Zeiten, da man dem Kunden allenfalls – wenn überhaupt – am ersten Arbeitstag kurz begegnete und ihn dann für die Abnahme zum Projektende mittels raffiniert konstruierter Kastenfallen einfangen musste. Der heutige Kunde ist da. Er ist immer da. Er ist nur da. Nicht in der Weise, wie es Josef Hader von einer klammernden Freundin beschrieb – „kurz mal weg und schon wieder da" – sondern niemals weg, pausenlos, immerwährend und unerbittlich da. Er ist die lebende Verkörperung der alten bayerischen Redewendung „samma schon noch da beim Dasein", denn so was von da wie den heutigen Kunden kann sich nur vorstellen, wer es selbst erlebt hat. Noch daer geht es nicht mehr.

Das Phänomen der gnadenlosen Dauerpräsenz tritt in mehreren Spielarten auf, die sich hauptsächlich im Hinblick auf Aktivität und Leistungsangebot unterscheiden, ähnlich wie die Service-Pakete der Telekom. Die einfachste Version, sozusagen die Basisvariante ohne Extraleistungen, ist der Glotzer. Er steht von allem Anfang an festgemauert in der Erden im Garten – vorzugsweise da, wo er am meisten im Weg ist – und glotzt. Und glotzt. Und glotzt! Dabei lässt er sich weder von Witterungsunbilden noch vom Zahn der Zeit vertreiben, er reagiert nicht einmal dann, wenn ihm – natürlich rein versehentlich – ein voll beladener Schubkarren ins Kreuz stößt. Immer, wenn ich die Geschichte von Lots Weib, der Salzsäule, höre, muss ich an den Glotzer denken. Kein Wunder, dass damals Sodom unterging! Diese Leute können einen Stein weichglotzen. Wer da behauptet, man brauche den Glotzer ja nur zu ignorieren und weiterzuarbeiten, der weiß nicht, was er redet. Arbeite du, wenn sich dir der glasige Karpfenblick einer Salzsäule ins Genick bohrt, Stunde um Stunde, Tag um Tag, durch die Jahrhunderte hindurch, bis ins dritte und vierte Geschlecht! „Veni, vidi, vici" – „ich kam, glotzte und siegte" sprach schon Cäsar so treffend, und ganz Gallien kapitulierte. Der Landschaftsgärtner tut es ebenfalls.

Weniger statisch als der Glotzer, aber mindestens ebenso penetrant, ist der Drängler. Er scheint von einer gaaanz tief im Brunnenschacht seines Unterbewusstseins verborgenen Angst beseelt zu sein, der Landschaftsgärtner könnte sich für immer auf seinem Grundstück, in seinem Garten und in seinem Leben einnisten und es niemals, niemals wieder verlassen. Diese Sorge veranlasst ihn, den Vorarbeiter einer Galabau-Kolonne von dem Moment an, da dieser zum ersten Mal dem Auto entsteigt, mit Fragen über die mutmaßliche Dauer der Bauarbeiten zu bestürmen. Im Gegensatz zum beinlos geborenen Glotzer verfügt der Drängler über eine affenartige Beweglichkeit, die er ausschließlich dazu missbraucht, seinem Landschaftsgärtner nicht mehr von der Naht zu gehen. Mag der Gärtner Baumwipfel erklimmen oder in Teichgruben hinabtauchen, der Drängler bleibt an seiner Seite wie ein Deutscher Schäferhund und spricht mit der mahnenden Stimme des Gewissens: „Wie lange wird es denn voraussichtlich dauern? Glauben Sie, dass Sie bis Mittwoch fertig werden? Schaffen Sie es in drei Tagen? Können Sie ungefähr sagen, wie lange es dauert? Ist bis Donnerstag alles fertig? Geht alles so, wie vorgesehen? Wie lange dauert es denn?" Wohl dem, der in solcher Bedrängnis über genug altbayerischen Gleichmut verfügt, um stereotyp mit einem „Schaun ma' mal" zu antworten. Sensibler veranlagten Gärtnern helfen dann nur noch Ohrenstöpsel, tibetanische Mantras oder ein Revolver.

Das genaue Gagenstück zum Drängler ist der Hätschler, im englischsprachigen Raum auch als „the pamperer" bekannt. Während der Drängler seinen grünen Dienstleister gar nicht schnell genug wieder loswerden kann, würde der Hätschler ihn am liebsten adoptieren. Zu diesem Zweck wartet er mit einem Wohlfühl-

programm auf, das man selbst in hochpreisigen Kurhotels vergeblich suchen würde. Schon vor Arbeitsbeginn platziert er an strategisch günstiger Stelle ganze Wohneinheiten gepolsterter Gartenmöbel; ist dies aus räumlichen oder witterungsbedingten Gründen nicht möglich, wird ein Raum im Haus für Bewirtungszwecke abgestellt. Sobald der Gärtner mit seinen Mitarbeitern die Arbeit aufnehmen will, springt der Hätschler aus seinem Hinterhalt und stellt die scheinbar harmlose Frage: „ Möchte jemand einen Kaffee?" Falls diese Frage bejaht wird – und sie wird natürlich immer und sofort bejaht, zwar nicht vom Gartenbauunternehmer, dafür aber umso mehr von seinen Mitarbeitern, der Teufel soll sie holen – so sind damit unwiederbringlich die Weichen gestellt, um einen eben noch hoffnungsvoll begonnenen Arbeitstag in eine orgiastische Endlosjause zu verwandeln, in der die vormaligen Gärtner zu Dauerkonsumenten von Kaffee, Süßwaren und Kostproben aller Art, vom Räucherschinken bis hin zu selbst gebrannten Schnäpsen, umfunktioniert werden. Logischerweise erfreut sich der Hätschler bei den Mitarbeitern eines Gartenbaubetriebes einer gewissen Beliebtheit; ebenso logischerweise ist er jedoch für den Gartenbauunternehmer, der sämtliche Zeitpläne wie die Mauern von Jericho in sich zusammenstürzen sieht, der menschgewordene Albtraum. Er, der bedauernswerte Chef, hat nur die Wahl zwischen zwei Übeln: Entweder in ohnmächtiger Wut mit anzusehen, wie seine Leute in einer Weise verhätschelt werden, die jeder Erziehungsratgeber mit Recht verurteilen müsste – oder vor dem Szenario bacchantischer Zügellosigkeit zu entfliehen, in der Hoffnung, irgendwann würde der geplante Arbeitsablauf von selbst wieder in

Gang kommen. Überflüssig zu sagen, dass diese Hoffnung vergeblich ist: Kommt der leidgeprüfte Unternehmer nach Stunden zurück, um nach dem Rechten zu sehen, so findet er die Baustelle im Zustand jungfräulicher Unberührtheit, seine Mitarbeiter aber als verfettete und verweichlichte Konsumopfer mit Karies und Schluckauf vor. Ihm selbst bleibt dabei nur die undankbare Rolle des autoritären Spielverderbers, der von allen Beteiligten gehasst wird. Seine Versuche, das Fressgelage zu beenden und die Arbeit endlich in Gang zu bringen, werden von dem Hätschler unfehlbar mit einem scheinheiligen „Ach, lassen Sie sie doch … das bisschen kann doch nicht schaden …" torpediert, indes die haltlosen Nassauer beifällig die Augen rollen und demonstrativ in ihren Lottersesseln liegen bleiben.

Wer freilich glaubt, ärger ginge es nicht mehr, der hat die Rechnung ohne den Helfer gemacht. Versuchen Sie sich einen unmusikalischen Hobby-Schlagzeuger vorzustellen, der zu welcher Veranstaltung auch immer ein Streichquartett engagiert, sodann ungefragt mit seinem Lärminstrumentarium in dessen Darbietungen hineinpoltert und hernach die Gage kürzen will, da er ja schließlich einen Part des Konzerts selbst erledigt habe. Wenn Ihnen das gelingt, so haben Sie eine recht genaue Vorstellung davon, was unsereinem der Kunde mit Helfersyndrom bedeutet. Seine Wesensart besteht aus einem harmonischen Dreiklang aus Knietschigkeit, Dummdreistigkeit und maßloser Selbstüberschätzung. Die letzte Eigenschaft kann vor allem dann verheerende Folgen haben, wenn er auf eine Gärtnerkolonne von geringer Durchsetzungsfähigkeit stößt; also etwa junge, schüchterne Berufsanfänger oder zur Nachgiebigkeit dressierte Gatten eines tyrannischen Eheweibes. Angesichts solch wehrloser Opfer läuft der Helfer zur Hochform auf, etwa so, wie wenn Herr Rigobert Dimpfelmoser zum ersten Mal im Leben aus Hassloch-Klinkerstein herauskommt und am ersten Urlaubstag seiner Familie verkündet: „Na, nu werd' ich euch mal Paris zeigen!" Gelingt es in solcher Lage nicht, ihn zur Raison zu bringen, so ist das Projekt ebenso verloren wie ein Schiff, das von einem Bergführer gesteuert wird. Doch selbst, wenn ein beherzter Vorarbeiter, Bauleiter oder der Unternehmer selbst ihm gewaltsam das Ruder entwindet, fährt er in seinem schändlichen Tun fort und profitiert dabei von dem Umstand, dass, dank himmelschreiender gesetzgeberischer Ungerechtigkeit, ein Auftragnehmer im Gegensatz zum Auftraggeber nicht einfach kündigen kann. Der Gärtner, dessen Kunde sich als notorischer Helfer entpuppt, sieht sich folglich in der gleichen Zwangslage wie ein unglücklich Verheirateter vor der Einführung der Zivilehe. Er kann nicht an Scheidung denken – nur an Mord.

Es liegt auf der Hand, dass die Frage, wie man solch omnipräsente Kletten loswerden kann, zu den meist gestellten im Gartenbaugewerbe zählt. Bis jetzt ist es aber noch niemandem gelungen, sie zu beantworten. Ein kinderlos verstorbener Landschaftsgärtner aus Mittelfranken soll in seinem Testament ein bedeutendes Legat an denjenigen vermacht haben, der die Lösung findet; an einer bekannten bayerischen Gartenbauakademie läuft seit Jahren ein Forschungsprojekt zu diesem Thema, doch bis jetzt sind alle Versuche fehlgeschlagen. Von rechtlichen Schritten ist wegen mangelnder Erfolgsaussichten abzuraten. Platzverweise für Glotzer bleiben unfehlbar ebenso wirkungslos wie Fütterungs- und Streichelverbote für Hätschler und sind zudem nicht einklagbar. Ein interessanter Ansatz war, eine Ablenkperson auf die Baustelle zu beordern, die, nach dem Vorbild des „Gentleman-hosts" auf Kreuzfahrtschiffen, nichts anderes zu tun hätte, als die auf ewig Anwesenden zu beschäftigen und so den eigentlichen Arbeitskräften den Rücken freizuhalten. Das scheiterte jedoch an dem finanziellen Aspekt, denn eine solche Tätigkeit wäre vermutlich nur gegen fürstliche Entlohnung zu ertragen und hätte somit auch die Angebotspreise in schwindelnde Höhen getrieben, dieweil der Kunde, knietschig, wie er ist, ja erwartet, dass sämtliche Auswirkungen seines Heftpflasterdaseins im Preis inbegriffen sind.

Die letzte Hoffnung bestand in Vergrämungstaktiken, wie sie auch im Obst- und Weinbau Anwendung finden. Leider ist auch hier der Erfolg unbefriedigend. Schreckschussanlagen, die in viertelstündigem Abstand eine laute Detonation verursachen und sich bei der Vertreibung von Starenschwärmen bestens bewährt haben, bleiben bei Glotzer, Drängler und Co wirkungslos, ebenso drastische Maßnahmen wie Staub aufwirbeln, Lehm spritzen oder die Auswahl langweiliger Gesprächsstoffe.

Ein mir bekannter Kollege hat es einmal mit einem CD-Player versucht, in den er musikalische Waffen einlegte, die schon gegen die Genfer Konvention verstießen, angefangen von Heino bis Wildecker Herzbuben. Hat auch nicht funktioniert. Nur die Nachbarn flüchteten, die Kunden blieben.

Angesichts solch durchschlagender Misserfolge lässt es sich nicht leugnen, dass diese Geschichte ein inhaltliches Fragment bleibt. Als moderner und anspruchsvoller Leser, der es gewohnt ist, für jede angesprochene Problemstellung auch eine befriedigende Lösung serviert zu bekommen, mögen Sie dies mit Recht als unbefriedigend empfinden. Vielleicht verspüren Sie sogar ein Gefühl nagenden Ärgers und sind der Auffassung, ich hätte Sie gar nicht mit diesen Dingen belasten sollen. Dem möchte ich jedoch entgegenhalten, dass es heute längst allgemein üblich und somit legitim ist, Kunst und Unterhaltung zu Zwecken der Selbsttherapie zu nutzen und dem Betrachter oder Zuhörer den eigenen seelischen Ballast aufzubürden.

Nichts anderes habe ich soeben getan und ich entschuldige mich nicht dafür.

Danke, dass Sie mir zugehört haben.

Der gute Ton

Das richtige Benehmen im Umgang mit Kunden gehört auch heute noch mitunter zu den Dingen, die das Leben eines grünen Dienstleisters unsicher und quälend machen. Die Abschaffung des Ständestaats, obwohl sie von linksorientierten Kollegen gelegentlich begrüßt wird, hat diese Unsicherheiten eher noch verstärkt. Drei Grundsituationen können dabei auftreten:

A) Der Kunde ist reich, gebildet und wohlerzogen und man selbst ist ein ungeschlachter Trottel; für diesen Fall gibt es eine reichhaltige Auswahl an Benimm-Ratgebern für Handwerker.

B) Man selbst ist gebildet und wohlerzogen und der Kunde ist ein widerwärtiger, neureicher Prolet. Diese Situation wird in Ratgeberbüchern feig übergangen. Man muss sich daher selbst behelfen oder in den Memoiren verstorbener Geistesgrößen Rat suchen.

C) Der Kunde ist arm. Hier kann uns das richtige Benehmen wurscht sein, da sich ein weiterer Kontakt aus wirtschaftlichen Gründen ohnehin erübrigt. (Das wird jetzt einigen wieder nicht gefallen, aber Marktwirtschaft ist manchmal grausam.)

Neben diesen Extremfällen existiert noch eine Vielzahl spezieller Situationen, in denen es auf feinste Nuancen ankommt und die besonders schwierig zu meistern sind. Soll man, wenn ein uneiniges Kundenehepaar sich zu prügeln beginnt, eingreifen oder sich neutral verhalten? Ist, wenn der Kunde einen alten, abgestandenen Kalauer erzählt, anbiederisches Wiehern oder herablassendes Schmunzeln angebracht? Darf man kundeneigene Haustiere unaufgefordert duzen? Wie viel müssen die Kinder des Kunden auf der Baustelle angestellt haben, ehe man sie abschellen darf?

Bei solchen und ähnlichen Problemen sieht sich der GaLaBau-Unternehmer weitgehend alleingelassen. Patentrezepte gibt es nicht; vielmehr gilt es im Einzelfall, Herkunft, Niveau und Wesensart des Kunden richtig einzuschätzen. Das ist nicht immer leicht. Unvergessen bleibt mir die Tätigkeit auf dem Anwesen eines Geschäftsmanns, der ein so hochnobliges Auftreten an den Tag legte, dass ich meine Mitarbeiter besonders ins Gebet nahm. Bei der morgendlichen Einweisung ermahnte ich sie, nicht zu lärmen, sich gewählt auszudrücken und nicht wieder den ganzen Tag über Fußball zu reden, damit man sie nicht für eindimensionale Schwachköpfe hielte. Mitten in meinen Ausführungen erschien die Gattin des Bauherren, um die Zeitung aus dem Briefkasten zu holen. „Morgen, meine Herren", rief sie uns zu. „Frisch heute! Da friert man sich ja den Arsch ab!" Einige Augenblicke herrschte pralles Schweigen. Als Unternehmer muss man die richtigen Worte finden. „Nun ja", sagte ich schließlich zu meinen Mitarbeitern, „von mir aus könnt ihr jetzt wieder über Fußball reden."

Ein grüner Daumen und zwei linke Hände

Interessieren Sie sich für Technik? Falls ja, so können Sie die folgende Geschichte mit Genuss und Belehrung lesen. Falls nein, so dürfen Sie sie überspringen. Ich hätte dafür Verständnis und würde Ihnen keinen Vorwurf machen. Ich selbst hätte das dazu gehörige Erlebnis auch lieber übersprungen, aber mich hat leider niemand gefragt. Insofern ist ein Protagonist immer schlechter dran als ein Leser.

Was mein eigenes Verhältnis zur Technik betrifft, so habe ich zwar keine Angst vor ihr, aber ich gehe ihr aus dem Weg. Ich finde den Umgang mit technischen Geräten langweilig. Es gibt mir nichts. Ich habe keine Lust, mein Leben mit Schalterdrücken und Schraubendrehen zu verbringen. Ich will jetzt nicht sagen, dass ich nur deswegen Gärtner geworden bin, aber sicher war das auch einer der Gründe. Nun ist, wer sich heutzutage nicht für Technik begeistern kann, ähnlich doof dran wie ein Mensch, der vor 200 Jahren keine Pferde mochte. Ganz gleich, wie sehr einem ihr Zähneblecken, Wiehern und Stampfen auf den Geist ging, man konnte nicht aus der Tür treten, ohne ihnen zu begegnen. Schlimmer noch, man musste sich ständig Lobgesänge anhören, was für edle und tolle Tiere sie doch seien. Man musste sie, auch wenn man nicht wollte, reiten. Man musste auf jeder Fahrt von A nach B ihrem Schwanzgeschlenker zusehen. Sie kosteten Geld, sie machten Arbeit, und manchmal wurden sie krank. Das hatten sie mit Autos gemeinsam.

Damit sind wir bei meinem Lieferwagen, einem Opel Vivaro. Der Opel Vivaro, dies sei für Technikfremde gleich mir erwähnt, ist praktisch baugleich mit einem Renault Traffic. Er hat halt einen Opel-Motor, ist aber sonst ein Renault. Ein Auto französischer Herkunft. Eines jener Autos, als dessen Besitzer man in meiner unterfränkischen Heimat Unterfranken unfehlbar früher oder später zu hören bekommt: „Selber schuld, wenn'st an Franzosen fährst."

Auch ich hatte mich gelegentlich an diesem Ausspruch erfreuen können. Zum Beispiel damals, als, einen Tag nachdem ich den Wagen fabrikneu bekommen hatte, auf dem Armaturenbrett das Lichtsignal für „offen stehende Tür" aufleuchtete. Seitdem brennt es immer, selbst dann, wenn sämtliche Türen nicht nur geschlossen, sondern versperrt sind. Es geht auch dann nicht aus, wenn man die Türen öffnet. Nur wenn man den Motor abstellt, erlischt es, aber dann bleibt ihm ja auch nichts anderes übrig. Gelegentlich wird es ergänzt durch ein anderes Signal, dessen Bedeutung laut Bedienungshandbuch mit den Worten „Fahren Sie sofort in die Werkstatt, da sonst der Motor kaputt gehen könnte" zu übersetzen ist.

Natürlich bin ich nicht in die Werkstatt gefahren, aber ich war schon dreimal damit bei der Hauptuntersuchung, ohne dass es jemanden störte. Beim ersten Mal wies ich den HU-Prüfer auf das Signal hin. Er sagte: „Selber schuld, wenn'st an Franzosen fährst." Seitdem brennt das Signallicht nicht nur, sondern flackert sogar zuweilen, aber inzwischen ist mir das wurscht.

Dann war da noch die Sache mit den Karosserieteilen. Immer wieder einmal finde ich im Auto Schrauben oder Teile, die offenkundig irgendwo herausgefallen sind, wo, weiß ich nicht, sie sind einfach plötzlich da, wie Meteoritensplitter oder Versicherungsvertreter. Ich sammle sie sicherheitshalber in einem Pappkarton, fall sie doch einmal irgendwo gebraucht werden sollten, aber bislang war das nie der Fall.

Dann war da das Mysterium mit diesen Schnüren oder Kabeln, die plötzlich vorne vor den Rädern unter der Stoßstange heraushingen, etwa 10 cm über dem Boden. Woher sie kamen und wohin sie gingen, habe ich nie erfahren. Eines Tages brachte ich das Auto in die Werkstatt – das war damals, als die Düsenzuleitung der Scheibenwaschanlage irgendwo verloren gegangen war – und als ich den Wagen wieder abholte, waren auch die Schnüre verschwunden. Der Mechaniker hatte sie eingebaut oder abgezwickt, so genau wollte ich das gar nicht wissen, aber ich fragte ihn, ob er dann nicht auch etwas wegen dem Knopf an der Scheibenkurbel machen könnte, der mir jedes mal in der Hand bleibt, wenn ich die Kurbel drehe. Der Mechaniker sagte nein. Ich sagte, das fände ich gar nicht schön von ihm, worauf er erwiderte: „Selber schuld, wenn'st an Franzosen fährst."

Ja. Sonst war nichts weiter, höchstens noch ein paar kleine, unwichtige Zwischenfälle, an die ich mich nicht im Einzelnen erinnere, aber ansonsten war ich mit dem Auto immer sehr zufrieden. Bis ich letzten Dienstag frühmorgens einstieg, um zu einem Kunden zu fahren. Ich war etwas in Eile, drehte den Zündschlüssel um – und der Motor sprang nicht an. Er gab sich zwar, das hörte man, alle Mühe, orgelte hoffnungsvoll herum, räusperte sich gewissermaßen die Kehle frei, stimmte dann einen reineren Ton an, sodass ich schon dachte, jaaa, er kommt, er kommt, er kommt! Aber er ging auch wieder.

Mir war sofort klar, dass das nur an der Batterie liegen konnte, denn andere Motorteile kenne ich nicht. Also entriegelte ich die Motorhaube – sie ließ sich nicht gleich öffnen, man muss vorher noch irgend so einen Knopf oder Haken drücken, den zu finden nicht ganz einfach ist, aber darauf wollen wir jetzt nicht näher eingehen – und wollte die Batterie herausnehmen. Es war keine Batterie im Motorraum. Ich zog das Bedienungshandbuch zu Rate, das mich dahingehend belehrte, dass die Batterie sich beim Renault – und der Opel Vivaro ist ja praktisch ein Renault, nur mit einem Opelmotor, wir haben ja vorhin schon darüber gesprochen – in der Fahrerkabine befindet, gleich vorn unter der Fußmatte. Ich klappte die Fußmatte hoch, doch die Batterie konnte ich immer noch nicht herausnehmen, da die Öffnung, in der sie sich befand, durch eine Metallplatte verschlossen war, und zwar mittels mehrerer sehr eigenartiger Schrauben, die mit keinem mir bekannten Schraubenschlüssel zu öffnen waren. Ich konsultierte erneut das Bedienungshandbuch und fand darin die beruhigende Mitteilung, die Schrauben seien ganz leicht mit einem Spezialschlüssel zu öffnen, der von der Firma Renault hergestellt werde und sich nunmehr im autoeigenen Werkzeugkasten aufhielte, und diesen wiederum fände ich unter dem Fahrersitz.

Natürlich sah ich sofort dort nach, denn ich tue fast immer, was im Bedienungshandbuch steht und fand auch tatsächlich den Werkzeugkasten, nur konnte ich ihn leider nicht herausnehmen. Er hatte sich irgendwie verklemmt oder verruckelt, vielleicht auch beides, jedenfalls musste ich ihn erst mühsam operativ entfernen, was nur unter beträchtlichem Zeitaufwand sowie unter Einsatz von List und Gewalt gelang. Danach hätte ich den Spezialschlüssel selbstverständlich sofort herausgenommen, wenn ich den Werkzeugkasten hätte öffnen können. Leider war das nicht der Fall.

Auf dem Deckel des Werkzeugkastens befanden sich zwei Laschen und auf dem Deckel eingeprägt war eine Art Anleitung, leider ohne Text, dafür aber in Bildern mit mehreren Pfeilen, wie diese Laschen zu gebrauchen seien. Die Anleitung war mühelos zu entschlüsseln, fast so leicht wie ägyptische Hieroglyphen, doch wenn man ihr folgte und an den Laschen zog, geschah gar nichts. Immerhin: Eine der Laschen war fast abgerissen. Da ich selbst den Werkzeugkasten noch nie gebraucht hatte, musste das in der Werkstatt passiert sein. Dass auch ausgebildete Mechaniker das Ding nicht aufbekamen, verschaffte mir eine gewisse Genugtuung. Ich habe sowieso nie an die praktische Intelligenz geglaubt.

Den Kasten bekam ich dann doch noch auf, indem ich einfach die Anleitung ignorierte und die Verschlüsse mit einer Messerspitze aufpfriemelte. Mit Geduld löst man jedes Problem. Mit sehr, sehr viel Geduld.

Als der Kasten offen war, konnte ich mich nicht mehr recht entsinnen, was ich eigentlich darin gewollt hatte, doch mit systematischer Gedächtnisarbeit kam ich bald wieder drauf: der Spezialschlüssel. Für die Schrauben an der Metallplatte, unter der, so Gott will, die Batterie zu finden sein müsste. Er war tatsächlich da und er passte tatsächlich in die Schrauben. Sie waren etwas verklemmt, ließen sich dann aber doch abschrauben, und auch der Deckel machte keine Schwierigkeiten. Meine Freude, als ich darunter tatsächlich die Batterie vorfand, war unbeschreiblich, doch sie währte nicht lange. Die Batterie nämlich befand sich zwar in einem sehr tiefen, sehr engen Schacht, doch der Hersteller war offenbar dennoch von der Sorge umgetrieben worden, sie könnte heimlich herauskriechen oder gestohlen werden. Um dem vorzubeugen, hatte er sie mit einer Art Klemmschraube oder Schraubklemme am Boden des Schachts befestigt. Dieser Schacht war wirklich sehr tief und außerordentlich eng, ich weiß, dass ich das schon erwähnt habe, und ich würde auch nicht so hartnäckig darauf herumreiten, wenn die Schraube an der Schraubklemme, die diese Batterie unten, also am Boden des Schachtes fixierte, ich weiß nicht, ob Sie sich das jetzt richtig vorstellen können, wenn also die verdammte Schraube nicht so tief unten gesessen hätte, dass sie mit keinem mir bekannten Schraubenschlüssel zu erreichen war.

Auch der Hersteller selbst verfügte offenbar über keinen derartigen Schlüssel, und wenn er über einen verfügte, so hatte er ihn jedenfalls nicht in den Werkzeugkasten gegeben. Ich holte sämtliche Werkzeugkoffer, die in meinem Betrieb je verwendet worden waren, insgesamt drei, wurde jedoch in keinem von ihnen fündig. Allerdings muss ich zugeben, dass es sich um ganz normale Werkzeugkoffer handelte, wie sie beim Einsatz in Haus und Garten Verwendung finden, nicht um Spezialausrüstung für Kfz-Mechaniker. Offenbar war es an der Zeit, externe Hilfe in Anspruch zu nehmen.

Nicht ohne Widerstreben konsultierte ich den Nachbarn von gegenüber. Er ist sozusagen ein Autofreak, der Benzin in den Adern hat und jede freie Minute damit zubringt, unter irgendwelchen Fahrzeugen zu liegen und ihrem laufenden Motor zu lauschen, sehr zur Freude der gesamten Nachbarschaft. Als ich ihm mein Problem schilderte, leuchteten seine Augen in fanatischem Glanz auf, doch als er in den Batterieschacht blickte, erlosch das Leuchten wieder und er sagte traurig: „Selber schuld, wenn'st an Franzosen fährst." Dann verzog er sich wieder in seinen Bau und geht mir seitdem aus dem Weg.

Ich erwog für einen kurzen Moment, mich zu erhängen, aber dazu hätte ich erst in den Baumarkt um einen Strick fahren müssen. Wirklich, die Abhängigkeit vom Automobil ist heutzutage in ländlichen Gegenden zu einem massiven soziokulturellen Problem geworden.

In meiner Not zog ich meinen Vater zu Rate. Er ist zwar auch kein Automechaniker, aber er war früher Französischlehrer und ist daher an den Umgang mit frankophonen Elementen gewöhnt. Außerdem hatte er vor 45 Jahren einmal ein Anleitungsbuch für Autoreparaturen gekauft. Es hieß „Jetzt helfe ich mir selbst" und stammte von einem Herrn Dieter Korb, wenn ich mich recht erinnere. Mein Vater besah sich also die Situation und sprach dann zu mir wie folgt: „Mein Sohn", sprach er, „da muss man improvisieren." Dann kramte er ein bisschen da herum und ein bisschen dort herum, fand ein hohles, dünnes Metallrohr, sägte ein Ende ab, bohrte oben ein Loch hinein, befestigte unten ein Schlüsselsteckelement, schob oben eine Pfostenschraube hindurch, klopfte mit einem Hämmerchen dagegen und schaffte es mit solchen und ähnlichen Manipulationen tatsächlich, die Schraube zu öffnen.

Dann brauchten wir nichts weiter zu tun als die Batterie herauszunehmen, in die Werkstatt zu tragen und eine neue zu erstehen. Als diese eingesetzt war, sprang der Wagen sofort an. Ich schaffte es gerade noch zu einem weiteren Kundentermin bei einem Stammkunden, einem reizenden Menschen, den ich seit vielen Jahren kenne. „Herr Leszko", sagte er zur Begrüßung. „Sie sehen gestresst aus. Sie sollten mal Urlaub machen." Ich erzählte ihm, was ich soeben erlebt hatte. Manchmal tut es gut, sich mit jemandem auszusprechen. Der Kunde war auch sehr mitfühlend und fand sofort die richtigen Worte. Er sagte: „ Selber schuld, wenn Sie einen Franzosen fahren."

Im Trüben gefischt

Es wird dem geneigten Leser nicht entgangen sein, dass nicht alle Geschichten in diesem Buch dem Themenbereich „Garten" im engeren Sinn zuzuordnen sind. Das mag damit zusammenhängen, dass sich die Tätigkeit eines Gärtners im Freien abspielt und dass wir dabei nicht umhin können, von den Ereignissen um uns herum Kenntnis zu nehmen. Der Witz dabei ist, dass man an allen Ecken und Enden denselben Leuten begegnet, die auch in der Gartenbauszene diese oder jene Rolle spielen. Im Hinblick auf die nachfolgende Geschichte denke ich da vor allem an Herrn Branco Gorencik, der auch in bestimmten Gärtnerkreisen – aber das wäre jetzt vorgegriffen.

Es gab also, um mit dem Anfang zu beginnen, in der Gemeinde Schnepfenfeld einen Bach namens Murnach, ein leidlich hübsches Gewässer, das noch recht naturbelassen dahin floss, jedenfalls soweit ein Bach, der mehrere Flurbereinigungsverfahren miterlebt hat, überhaupt noch naturbelassen sein kann. Die Murnach war kein großer Bach, aber doch groß genug, dass Forellen darin leben konnten, zumindest dann, wenn man in regelmäßigen Abständen welche darin aussetzte. Daß dies mit Verstand geschah, war Herr Lehrer Lämpl da. Herr Lämpl war der Bachpate, das heißt, er hatte nicht nur die Fischereirechte gepachtet, sondern sah es auch als seine Aufgabe an, nach dem allgemeinen Wohl der Murnach zu sehen, bei Jung und Alt Interesse für die Gewässerumwelt zu wecken und sozusagen die Belange des Baches in der Öffentlichkeit zu vertreten.

In dieser Funktion wandte sich Herr Lämpl eines Tages in einem flammenden Brief und in berechtigter Empörung an die lokale Presse. Er habe, so berichtete er, bei seinem letzten Kontrollgang entlang der Murnach dutzende tote Forellen gefunden, die zweifellos einer Vergiftung des Wassers zum Opfer gefallen seien. Am Vortag habe es einen heftigen Regenfall gegeben, und immer, wenn das geschähe, flössen aus einem der Regenüberlaufbecken, die die Gemeinde Schnepfenfeld zur Entlastung ihres Kanalsystems errichtet habe, hochkonzentrierte Haushaltsabwasser in die Murnach. Überall am Ufer seien dann Toilettenpapier und ähnlich anrüchige Dinge zu finden, und es sei nur eine Frage der Zeit gewesen, wann es zu einem Kollaps des gesamten Baches habe kommen müssen. Er selbst, Herr Lämpl, habe seit Jahren immer wieder bei der Gemeinde Schnepfenfeld über diese unhaltbaren Zustände Klage geführt, sei aber stets mit leeren Redensarten abgespeist worden. Seitens der Gemeinde sei nichts, aber auch rein gar nichts unternommen worden, um diesem Übelstand abzuhelfen, und man müsse sich fragen, was denn noch geschehen müsse, ehe die verantwortlichen Stellen endlich dagegen einschritten. „Die Sache stinkt zum Himmel", schloss Herr Lämpl seinen Brief, und obwohl diese Metapher in politischem Zusammenhang doch schon recht abgedroschen ist, traf sie diesmal den Kern der Sache.

Die örtliche Zeitung griff das Thema sofort auf und entsandte einen Reporter an die Murnach, der seine Eindrücke mit Fotos dokumentierte, auf denen das Regenüberlaufbecken, sein Zulauf zum Bach sowie die verdreckten Ufer zwar nicht zu riechen, aber doch für jeden Leser deutlich genug zu sehen waren. Diese offenkundigen Missstände konnten auch die zuständigen Behörden nicht übergehen.

Es vergingen kaum zwei Wochen, als auch schon Vertreter von Wasserschutzpolizei, Wasserwirtschaftsamt und Unterer Naturschutzbehörde an der Murnach erschienen, Wasserproben entnahmen, das Überlaufbecken fotografierten und alles unternahmen, um Spuren zu sichern, soweit diese noch vorhanden waren. Auch einige der toten Forellen, die Herr Lämpl vorsorglich konserviert hatte, wurden untersucht. Die Obduktion ergab, dass die Fische in ihrem Körpergewebe Schadstoffe in einer Menge aufwiesen, die ihrer Gesundheit unmöglich zuträglich gewesen sein konnte, woran sie aber genau gestorben waren, konnte nicht festgestellt werden. Auch die Wasserproben ergaben nichts Verwertbares.

Das Problem, so ließ der zuständige Ermittler verlauten, sei generell bei Fließgewässern, dass sie eben pausenlos weiterflössen und dass daher alle Einleitungen auch bei raschem Eingreifen nur sehr schwer, wenn überhaupt, feststellbar seien. Ein Zusammenhang zwischen dem bedauerlichen Fischsterben und dem Regenüberlaufbecken der Gemeinde Schnepfenfeld, beziehungsweise ein nicht ordnungsgemäßes Funktionieren des besagten Beckens sei unter diesen Umständen nicht nachweisbar. Die Gemeindeverwaltung von Schnepfenfeld ihrerseits wies in einer Pressemitteilung jede Verantwortung entschieden von sich. Der Bürgermeister, ein Herr Stricker, erklärte ausdrücklich, er kenne dieses Becken seit Jahren, habe volles Vertrauen in seine Zuverlässigkeit und er sei im Übrigen überzeugt, dass es sich bei dem Fischsterben um einen ebenso unerklärlichen wie einmaligen Vorfall gehandelt habe. Damit schien die garstige Angelegenheit erledigt zu sein.

Nun bringt es aber der Klimawandel mit sich, dass die fränkischen Sommer auch nicht mehr so trocken sind wie anno dazumal, und so dauerte es nur ein Jahr, bis sich der einmalige Vorfall wiederholte. Diesmal schlug die Sache bereits wesentlich höhere Wellen, was schon daran zu erkennen ist, dass die Wasserschutzpolizei um einiges rascher tätig wurde. Am Donnerstag hatte es ein Gewitter gegeben, am Freitag fand Herr Lämpl die toten Fische und schon am Montag war die Polizei da – also eigentlich sofort, denn ein Wochenende zählt ja nicht. Wenn Sie am Freitag einen Überfall melden, erwarten Sie ja schließlich auch nicht, dass die Ordnungshüter vor Montag kommen, nicht wahr? Das kann nun wirklich niemand verlangen.

Stellen Sie uns auf die Probe.
Jetzt testen!
Ulmer
ULMERS PFLANZENMAGAZIN
Garten PRAXIS
Stauden Amsonien und Scheincalla
Gehölze Asiatische Wildäpfel und
Gartenporträt Waltham Place

Sie lieben Ihren Garten

Mit Gartenpraxis werden Sie zum Experten für besondere Stauden und Gehölze mit Wissen und Reportagen rund um:

- Stauden, Gehölze, Wechselflor, Wasser- und Kletterpflanzen, Zwiebel - und Knollengewächse
- Planung und Anlage zeitgemäßer Gärten
- Licht im Garten
- Anlage und Pflege von Rasen und Wiesen
- Natursteine, Betonsteine und Klinker
- Pflanzenschutz, Dünger, Erden und Substrate

Ihre Vorteile als Abonnent

- Sie erleben monatlich die Expertise internationaler Autoren – so erweitert sich Ihr Blickwinkel.
- Nutzen Sie das Online-Zeitschriftenarchiv mit allen Ausgaben seit 1990.
- Profitieren Sie von Verweisen zu weiterführender Literatur, bereits erschienenen Gartenpraxis-Artikeln und Bezugsquellen.

Ulmer

www.gartenpraxis.de/testabo

Verlag Eugen Ulmer, Leserservice, Postfach 70 05 61, 70574 Stuttgart / Telefon: 0711 4507 - 105 / Fax: 0711 4507 - 120 / leserservice@ulmer.de

Trotz dieses prompten, man möchte fast sagen blitzartigen Eingreifens, war leider auch diesmal nichts Eindeutiges festzustellen. Die Fische, nun ja, die waren tot, daran gab es keinen Zweifel, auch das stinkende Toilettenpapier in der Ufervegetation konnte man nicht gut übersehen, aber die Wasserproben ergaben wieder nichts Verwertbares. Der Bürgermeister betonte lauthals, diesmal habe es ganz bestimmt nicht an dem Überlaufbecken gelegen, das Becken selbst, dessen Auslaufrohr von den Gemeindearbeitern vorsorglich gesäubert worden war, ließ auch nichts Augenfälliges erkennen – wie soll man da, um Himmels willen, wissen, woran einige Forellen gestorben sind. Schwer, so etwas festzustellen. Forellen sind schon auch sehr heiklige Tiere, denen man es nicht recht machen kann. Kein Wunder, dass sie in bayerischen Gewässern so selten geworden sind.

Unter diesen Umständen gab es eigentlich keinen Anlass, weiter auf dieser Angelegenheit herumzureiten, aber Herr Lämpl, der Bachpate, ritt weiter darauf herum. Ein Lehrer, Sie wissen schon, mehr braucht man nicht zu sagen. Es ist ein Kreuz mit diesen Leuten, das wird Ihnen jeder Kommunalpolitiker Ihrer Wahl gerne bestätigen. In diesem Fall beließ er es nicht bei Leserbriefen, sondern erstattete persönlich Anzeige bei der Staatsanwaltschaft und mobilisierte zeitgleich und obendrein auch noch ein Fernsehteam des Bayerischen Rundfunks, ich weiß nicht mehr genau, von welcher Sendung, es war eben eines dieser Nörglermagazine, die ständig Unfrieden stiften müssen, Sie kennen das ja. Es erschien ein Kamerateam in Schnepfenfeld, schnüffelte – im wahrsten Sinn des Wortes – überall herum, filmte, interviewte verschiedene Leute, darunter Herrn Lämpl, Herrn Stricker sowie Vertreter der Wasserschutzpolizei, des Wasserwirtschaftsamtes, der Unteren Naturschutzbehörde und der Staatsanwaltschaft, man interviewte sogar den Geschäftsführer der örtlichen Kreisgruppe des Bund Naturschutz, den bisher zwar überhaupt niemand gefragt hatte, aber natürlich nahm auch er gern die Gelegenheit wahr, im Fernsehen ein paar Worte zu sagen.

Alle interviewten Personen blieben im Wesentlichen bei ihrem früheren Standpunkt. Herr Lämpl erklärte, schuld sei die Gemeinde Schnepfenfeld und es stänke zum Himmel. Herr Stricker betonte, schuld sei keinesfalls die Gemeinde Schnepfenfeld und er lege für das Überlaufbecken die Hand ins Feuer. Und die Behördenvertreter murmelten, sie könnten derzeit noch gar nichts sagen, die Ermittlungen würden noch andauern und man werde die Ergebnisse zu gegebener Zeit bekannt geben. Die Bekanntgabe erfolgte, da die lästigen Medienvertreter vorher ja doch keine Ruhe gaben, tatsächlich einige Wochen später in Form eines umfangreichen Berichts. Aus Platzgründen kann dieser hier nicht vollständig wiedergegeben werden, aber der Inhalt ließ sich in etwa mit dem Satz zuammenfassen: „Es war was, aber mir wiss'ma net, was." Ein Fazit, das bei Ermittlungsverfahren in Umweltdelikten bekanntermaßen keine Seltenheit ist.

All das und noch mehr wurde im Bayerischen Rundfunk gesendet, und obwohl damit nichts wirklich Neues zu Tage kam, machte die Sache einigen Wind. Unter anderem gab es nun allerlei Gerüchte und Spekulationen, wer oder was außer der Gemeinde Schnepfenfeld und ihrem Überlaufbecken die Vergiftung der Murnach verursacht haben könnte. Man verdächtigte verschiedene ortsansässige Gewerbebetriebe, die ihrerseits einige Landwirte verdächtigten, ja, es gab sogar eine Anzeige, in der jemand schwor, er habe seinen Nachbarn beobachtet, wie dieser zu nächtlicher Stunde geheimnisvolle Fässer in die Murnach entleert habe, doch da der wohlmeinende Informant sowohl die Identität des Nachbarn als auch seine eigene für sich behielt, brachte auch dieser Hinweis keine greifbaren Ergebnisse.

Vielversprechend war dagegen die Vermutung einiger esoterisch bewanderter Damen, die Murnach würde vielleicht unter einer Erkrankung spirituellen Ursprungs leiden, die nur durch fachkundige Hilfe zu beheben sei. Zu diesem Zweck nahmen sie Kontakt zu einem geomantischen Erdheiler namens Branco Gorencik auf, der von diversen Seminaren, Workshops und Vorträgen in spirituell interessierten Kreisen wohlbekannt war.

Der Heiler kam, besah sich die Örtlichkeiten, versenkte sich in die Aura der Landschaft, sprach mit dem Bach, hatte, da er offenbar fließend Bachisch konnte, auch keine Schwierigkeiten, die Antwort zu verstehen und gab schließlich bekannt, die Murnach leide unter einer Trübung ihrer Seele, die ihrerseits durch einen Mangel an Liebe und Zuwendung verursacht sei. Ein Gewässer, so erläuterte er, sei ein Lebewesen und bestünde wie jedes

Lebewesen aus einer Einheit aus Körper und Seele. Sei die Seele krank, so könne auch der Körper nicht gesund bleiben, die Seele aber müsse unweigerlich erkranken, wenn es ihr an Liebe fehle. Zur Genesung der Murnach sei daher eine ganzheitliche Behandlung erforderlich, die Körper und Seele gleichermaßen erfasse; aber der seelische Aspekt, so betonte Herr Gorencik ausdrücklich, sei dabei der wichtigere. Auf diese Auskunft hin bestürmten ihn die Schnepfenfelder Damen, die Behandlung selbst vorzunehmen, und Herr Gorencik erklärte sich in seiner aufopferungsvollen Güte dazu bereit.

Er mixte zunächst aus verschiedenen geheimen Zutaten eine Arznei zusammen, von der er ein Fläschchen voll in die Murnach schüttete. Mehr, so erklärte er, sei nicht nötig, da diese Therapie auf einer homöopathischen Wirkung beruhe. Danach sah der Bach schon viel besser aus, aber Herr Gorencik meinte, nun müsse die seelische Behandlung stattfinden und dazu brauche er die Hilfe möglichst vieler liebevoller Schnepfenfelder. Also rekrutierten die spirituellen Damen zwei Tage lang Hilfskräfte und brachten tatsächlich eine ansehnliche Schar davon zusammen. Diese versammelten sich unter der Leitung des Heilers bei Sonnenaufgang – oder, wie Herr Gorencik es ausdrückte, als Vater Sonne die Mutter Erde wach küsste – beidseits des Bachlaufs, fassten sich an den Händen, und Herr Gorencik erklärte, nun wolle man die Seele des Gewässers herbeirufen und liebevoll auf die ausgestreckten Arme heben. Als das geschehen war, begann die eigentliche Heilungszeremonie.

Die Anwesenden wiegten sich synchron hin und her, atmeten rhythmisch und riefen jeweils tief im Brustton „Ho-Gurrrr" beim Einatmen, dann kurz und hell „Hampf!" beim Ausatmen, sowie einige andere Beschwörungen, deren genauer Wortlaut mir entfallen ist. Die Prozedur dauerte etwa drei Stunden; dann setzte Herr Gorencik die Seele des Gewässers behutsam zurück, wünschte allen Mitwirkenden einen gesegneten Tag und reiste weiter in die Oberpfalz, wo ein depressiver Fischweiher seiner Hilfe bedurfte.

Auch die Gemeindeverwaltung von Schnepfenfeld war inzwischen nicht untätig geblieben. Auf Betreiben von Herrn Stricker höchstpersönlich wurde die Initiative „Freunde der Murnach" ins Leben gerufen, eine Informationskampagne, die in der Öffentlichkeit Sympathie für das liebebedürftige Gewässer erwecken sollte. Bei einem Pressetermin posierte Herr Stricker gemeinsam mit dem Umweltbeauftragten des Landkreises, einem Vertreter der Unteren Naturschutzbehörde, dem Feldgeschworenen von Schnepfenfeld sowie einem Herrn Fröbel vom Kleintierzüchterverein kamerawirksam am Ufer des Baches und gab anschließend eine ausführliche Erklärung über die Zielsetzungen der Initiative ab. Darin deutete er an, dass die Murnach in der Vergangenheit zwar nicht immer nur für positive Schlagzeilen gesorgt habe, doch wolle man ihr dies seitens der Gemeinde Schnepfenfeld nicht nachtragen. Die Murnach sei, trotz allem, noch immer ein Gewässer voll Faszination und Schönheit und es sei nun das erklärte Anliegen der „Freunde der Murnach", den Menschen diese Schönheit näher zu bringen. „Die Murnach gehört zu Schnepfenfeld! Wir alle stehen hinter ihr!", rief Herr Stricker, und wie auf dem Foto unzweifelhaft zu sehen war, standen sie dort tatsächlich. Danach erklang heftiger Applaus aus den Reihen der Anwesenden, die örtliche Blaskapelle spielte „Kein schöner Land in dieser Zeit", ein Grundschulkind enthüllte eine liebevoll geschnitzte Holztafel mit der Aufschrift „Unsere Murnach", Herr Stricker weinte eigenhändig mehrere Tränen und dann löste sich die ganze Versammlung eilends auf, denn es begann zu regnen.

Es regnete die ganze Nacht hindurch und auch den darauf folgenden Vormittag so heftig, dass man sich kaum vor die Tür traute. Erst am Nachmittag konnten sich die Einwohner von Schnepfenfeld ins Freie wagen und als sie das taten, konnten sie sich nicht verhehlen, dass das Wasser der Murnach rein optisch an einen Abwasserkanal erinnerte und abscheulich stank. Der vertraute Uferschmuck aus Toilettenpapier und sonstigen Überresten zierte, am Gitter des Auslaufrohrs des Überlaufbeckens beginnend, über mehrere Kilometer den bräunlichen Bachlauf, auch tote Forellen waren vorhanden, aber diesmal nur wenige, denn gar so viele waren ja auch nicht mehr drin gewesen.

Bei dem, was nun folgte, bemerkte man deutlich, dass alle Beteiligten inzwischen Übung hatten, denn alles lief nun schon sehr viel glatter ab als beim ersten Mal: Die wortreichen Klagen von Herrn Lämpl, das Dementi von Herrn Stricker, der Besuch der Wasserschutzpolizei, die Proben, die erfolglosen Untersuchungen, die Presserklärungen der Behörden und der abschließende Bericht der Regionalzeitung. Neu war nur der zusätzlich verfasste Kommentar einer Journalistin, die sich, man muss es sagen, schon ein wenig im Ton vergriff. Auch ihre Überschrift „Die Murnach ist biologisch tot" befremdete in ihrer reißerischen Unsachlichkeit, erregte aber weiter kein Aufsehen, denn das wussten die Leser ja inzwischen selbst. Nachdem das vertraute Prozedere wie üblich abgelaufen war, ging man zur Tagesordnung über und das Leben ging für alle Beteiligten weiter – nun ja, vielleicht nicht gerade für die Forellen, aber man kann es schließlich nicht jedem recht machen.

Dann aber, etwa ein halbes Jahr später, geschah etwas völlig Unerwartetes. Was der Auslöser dafür war, darüber gingen die Meinungen auseinander. Ob nun tatsächlich Herr Stricker sich unversehens mit Herrn Christian Boll zerkracht hatte, einem ehemaligen Landtagsabgeordneten, dem man nachsagte, er zöge bis heute im Hintergrund die Fäden in Schnepfenfeld, ob, im Gegenteil, Herr Boll einen Teil seines früheren innerparteilichen Rückhalts verloren hatte und die Hand, die er über Schnepfenfeld hielt, bildlich gesprochen, etwas zittrig geworden war, oder ob allgemein und überhaupt bestimmte Konstellationen in der Landeshauptstadt sich aufgelöst, verändert und wieder neu formiert hatten, all das blieb ungewiss und wird vielleicht auch nie in Erfahrung zu bringen sein. Fest steht nur, dass völlig unerwartet eines Morgens unter einer balkendicken Überschrift ein langer Artikel in der Regionalzeitung erschien, dem erstaunliche Dinge zu entnehmen waren.

Zunächst, dass es der Wasserschutzpolizei gelungen sei, die Ursache für die wiederholten Verschmutzungen der Murnach zu ermitteln und dass diese Ursache eindeutig und zweifelsfrei in einer Fehlfunktion des Regenüberlaufbeckens der Gemeinde Schnepfenfeld zu sehen sei. Sodann, dass die Untere Naturschutzbehörde bei einer genaueren Durchsicht ihrer Akten festgestellt habe, dass das besagte Überlaufbecken für das bestehende Kanalnetz erheblich zu klein dimensioniert sei, dass es deshalb nur aufgrund einer Sondergenehmigung überhaupt noch betrieben werden durfte und dass obendrein diese Sondergenehmigung seit über einem Jahr abgelaufen sei, ohne dass die Gemeinde Schnepfenfeld sich um eine Verlängerung bemüht habe. Und schließlich, dass die Staatsanwaltschaft aufgrund der genannten Ermittlungsergebnisse ein Verfahren gegen die Gemeinde Schnepfenfeld im Allgemeinen und gegen Herrn Stricker persönlich im Besonderen eingeleitet habe. Überdies habe das Landratsamt der Gemeinde Schnepfenfeld schärfste Auflagen zur Überprüfung und Weiterbetreibung des Überlaufbeckens sowie ihres gesamten Kanalnetzes erteilt. Ein Sprecher des Landratsamtes erklärte, es lägen eklatante Verstöße gegen alle einschlägigen Bestimmungen vor und man sei über die Unverfrorenheit der Gemeinde Schnepfenfeld überrascht und entsetzt. „Die Sache stinkt zum Himmel", erklärte der Sprecher laut dem Zeitungsbericht, und mehr als ein Leser hatte das unbestimmte Gefühl, diesen Satz schon mal gehört zu haben.

Diese völlig unerwartete Wendung schlug selbstredend beträchtliche Wellen; gegenwärtig ist völlig unklar, was sich noch daraus ergeben wird. Niemand kann sagen, ob Herr Stricker, die bestehende Rathauskoalition von Schnepfenfeld und die letzten in der Murnach verbliebenen Forellen die kommenden Monate überstehen werden.

Man muss den nächsten Regen abwarten.

Botanik für jedermann

Neulich las ich eine Statistik, die sich mit der Pflanzenkenntnis der Bevölkerung in verschiedenen Ländern befasste. Darin hieß es, der durchschnittliche Kenianer kenne 500 Pflanzenarten, der durchschnittliche Deutsche dagegen nur sieben. Aufgrund meiner langjährigen beruflichen Erfahrung halte ich das für unglaubwürdig. Zugegeben, ich habe verhältnismäßig selten mit Kenianern zu tun, dafür aber umso mehr mit Deutschen, die man, auch wenn Sie's vielleicht selbst nicht gerne hören, durchaus als durchschnittlich bezeichnen kann. Zu behaupten, diese Deutschen würden im Schnitt sieben Pflanzenarten kennen, wäre eine groteske Übertreibung. Nach meiner Erfahrung unterscheidet der durchschnittliche Deutsche genau zwei Pflanzenarten: Bäume und Nichtbäume.

Natürlich ist das ein wenig peinlich, und natürlich mangelt es nicht an potenziellen Schuldigen für diese botanische Ignoranz: Das Elterhaus, die gesellschaftliche Werteskala und vor allem das Erziehungs- und Schulwesen, also mit anderen Worten, die Lehrer, die ja bekanntlich ohnehin an allem Schuld sind. Diesen Behauptungen möchte ich hier mit Nachdruck widersprechen und für die genannten, zu Unrecht beschuldigten Institutionen eine Lanze brechen. Schuld sind nicht das Elternhaus, die gesellschaftliche Werteskala und auch nicht die Lehrer. Schuld ist das Fernsehen. Das Fernsehen ist heutzutage das einzige Medium, das tatsächlich einen nachweisbar aktiven Einfluss auf die geistige Befindlichkeit der Bevölkerung ausübt. Das Fernsehen ist dafür verantwortlich, dass man die Wildecker Herzbuben für Volksmusik hält, dass man wehrlose gutbürgerliche Gerichte mit Ingwer traktiert und dass hier in Franken Jugendliche aus alteingesessenen Familien mit norddeutschem Akzent sprechen.

Das Fernsehen könnte auch botanische Kenntnisse zum Allgemeingut machen, wenn es seinen Bildungsauftrag endlich einmal ernst nehmen würde. Sollte irgendein Intendant oder Programmdirektor diese Zeilen lesen und mit dem scheinheiligen Argument aus der Verantwortung zu fliehen versuchen, es gäbe ja diverse Garten- und Natursendungen, so kann ich darüber nur in verächtliches Gelächter ausbrechen. Jeder weiß, dass derlei Sendungen nur von einer vergleichsweise geringen Zuschauermenge gesehen werden und dass es sich bei diesen wenigen obendrein um speziell am Thema Interessierte handelt, die den Großteil ihrer Kenntnisse bereits mitbringen. Es spricht für sich, dass nahezu alle Sendungen mit gärtnerisch-botanischem Bezug im Nachmittags- oder Vorabendprogramm laufen. So bringt man keine Kenntnisse unters Volk.

Um das zu erreichen, müsste der Umgang mit Pflanzen zu einem allgegenwärtigen, selbstverständlichen Bestandteil aller abendfüllenden Spielfilme werden, genauso wie es Autofahren, Mordebegehen und pausenloses

Handytelefonieren längst geworden sind. Das Potenzial an dramaturgischen Möglichkeiten wäre grenzenlos, bleibt aber bislang gänzlich ungenutzt. Dass dem so ist, ist bei oberflächlich produzierter Serienkonsumware ärgerlich genug. Dass aber auch hoch gelobte, mit Preisen aller Art dekorierte Filmschaffende darin versagen, muss bei jedem anspruchsvollen Zuschauer Verblüffung und Entsetzen erregen.

Erst kürzlich sah ich eine Neuverfilmung von Anzengrubers „Meineidbauer", die kein Geringerer als Josef Vilsmaier inszeniert hatte. Während Frau von Borsody sich bemühte, die ihr lange vorenthaltene Gerechtigkeit zu erlangen, taperten alle Darsteller durch ein eindrucksvolles Alpenpanorama, und es fiel nicht ein Wort über alpine Pflanzen. Man kann somit ohne Übertreibung sagen, dass Drehbuchautor und Regisseur an diesem Projekt auf blamable Weise gescheitert sind. Wie man es besser machen könnte, sei daher exemplarisch an der besonders dramatischen Schlussszene gezeigt, die von mir entsprechend den Anforderungen einer Botanik beinhaltenden Allgemeinbildung umgeschrieben wurde.

Franz Bruckner, der Bösewicht, ist auf dem Weg zu einer einsam gelegenen Almhütte, wo sich Anna, das Opfer seiner Ränkespiele, verborgen hält. Er ist wild entschlossen, sie, die belastende Zeugin seiner Untaten, für immer zum Schweigen zu bringen. Sein Sohn Toni, der Dorfpolizist Josef und Annas Tochter Marie sind ihm auf den Fersen und befürchten das Schlimmste. Auf halbem Weg zur Alm begegnen sie Loisl, einem Enzianwurzelsammler, der soeben vom Wurzelgraben zurückkommt.

Loisl: Grüaß di Gott, Josef! Was sagst zu diesen Enzianwurzeln? Fürwahr, so guat wie im heurigen Jahr is der Gentiana lutea scho lang nimmer g'standen.

Josef: Loisl, dafür hamma jetzt koa Zeit net! Sag, hast du den Franz g'sehn? Mir glaub'n, dass er da firi kemma is.

Loisl: Den Franz? Dem bin i gar wohl begegnet – droben am Rand der Bergwaldgrenze, bei der großen Latschenkiefer. Aufi is er gangen und ausg'sehn hat er, wie wenn er's schier gar net derwarten könnt.

Josef: Bei der Latschenkiefer vorbei? In Richtung Krummholzzone?

Loisl: Freilich – inzwischen wird er g'wiss scho' die Zwergstrauchheiden erreicht ham.

Josef: Auweh! Und droben in der Hüttn inmitten der alpinen Rasen hält sich die Anna versteckt. Aber noch könn' ma 'n abfangen – der Weg windet sich lang, da braucht er noch a Stund!

Toni (ahnungsvoll): Du kennst an Vata net! Der schert sich net um die empfindliche Alpenvegetation! Wenn 's dem pressiert, dann läuft er gradaus durchs Gelände.

Josef (in höchster Entrüstung): Ja, so a Ruach! Jetzt, wo Alpennelke und Gamsheide noch in Blüte stehen! Und da latscht er drüber? Ja, schreckt denn der vor gar nix z'ruck?

Toni: Da kennt der Vata nix – der tritt selbst die herrliche Blüte des stängellosen Enzians nieder, wann 's eam im Weg steht.

Marie: Ja, um Gott's Will'n! Was steht 's denn da noch umanand? Lauft 's zua, dass ma 'n noch einhol'n, bevor dass a Unglück gibt!

(Alle drei eilen hastig weiter. Szenenwechsel. Vor einer hoch gelegenen Almhütte sitzt Anna und blickt versonnen in die Landschaft hinaus.)

Anna: Wie friedlich ist's da heroben. Da blühn Alpenaster und Edelweiß so still nebeneinander, grad als wenn's koa Arg net auf der Welt gäb ...

(Sie horcht auf). Nanu? Wer kommt da, abseits vom Weg?

(Franz taucht schwer atmend hinter einem Felsblock auf.)

Franz (triumphierend): Hab i di derwischt, du Hex'! Jetzt kommst mir nimmer aus! Jetzt zerquetsch' i di wia a Arnikawurzel, bevor dass ma 's in Alkohol ei'legt!

Anna: Oh weh! Gibt's denn koa Rettung? Flieh'n muaß i, in die Polsterpflanzenzone aufi! Vielleicht kann i mi da zwischen die Fels'n verstecken ...

(Sie eilt behände bergan, von Franz verfolgt. Die Kamera schwenkt zurück auf Josef und seine Begleiter, die aus der Ferne hilflos das Geschehen verfolgt haben.)

Josef (verzweifelt): Er hat sie g'funden! Jetzt treibt er 's nauf zum Gipfel, wo die empfindliche Nivalflora wachst, der Lump, der elendige! Wenn er 's dort in die Enge treibt, gibt 's koa Entkommen mehr!

Marie: Macht 's doch schneller! Wie soll sich denn die Mutter da droben verstecken, wo's nur Felsen und Kalkkrustensteinbreche gibt! Oh, lauft 's schneller, bevor 's zu spat is!

(Erneuter Szenenwechsel. Anna verbirgt sich hinter einem Felsblock auf dem Berggipfel, inmitten von herrlich blühenden Polsterstauden. Franz erscheint voll bösen Triumphs am unteren Rand des Plateaus.)

Franz: Jetzt bist in der Falle! Hier geht's nimmer weiter für dich!

(Er läuft quer durch die Vegetation auf Annas Versteck zu. Anna schreit in hellem Entsetzen auf.)

Anna: Oh pass auf, wos 'd hintrittst! Siehst net die Polster von Stängellosem Leimkraut und Gegenblättrigem Steinbrech auf dem Boden? Wenn'st scho mich net schonst, so schon wenigstens die bedrohte Flora unserer heimatlichen Berge!

Franz: Ja, Schnecken! Einen Parkplatz werd ich da heroben errichten und eine Seilbahnstation – aber erst werf' ich dich den Berg 'nunter!

Anna: Du Unhold! Der Berggeist wird dich strafen! Rübezahl!

Franz: Der wohnt im Riesengebirg', dumme Nuss, net in den Alpen! Schrei nur – hier hilft dir koaner mehr! Hahahahah!

(Er lacht diabolisch. Anna flieht vor ihm bis an den Rand des Hochplateaus. Plötzlich gleitet sie aus und droht zu stürzen. In letzter Sekunde kann sie sich an einigen Pflanzenstängeln im Geröll festhalten. Franz tritt drohend näher und will ihr auf die Hand treten. In diesem Augenblick erscheinen Josef, Toni und Marie, schwer atmend, auf der Hochfläche.)

Josef: Halt ein, Franz! Es ist aus mit dir! Der Ignaz hat alles gestanden!

Franz: Niemals! I bring 's zu End und koaner von euch wird mi aufhalten!

Toni: Vata! Mach di net unglücklich!

Franz: Es is mei Hof – und deiner, Toni! Nie kriegt sie ihn – den Hof net und net den Obstgarten mit den 27 alten Apfelsorten! Nie! Nie!

(Er dreht sich in wilder Raserei um und tritt wie von Sinnen nach Annas Hand. Dabei lösen sich die lockeren Felsbrocken. Franz tritt ins Leere. Mit einem gellenden Schrei stürzt er über die Kante in den Abgrund. Toni und Josef eilen hinzu und ziehen Anna zurück auf die sichere Gipfelebene.)

Marie (aufgelöst): Mutter! Bist du verletzt?

Anna: Nein, nein ...

Josef: Wie hast du dich nur halten können? Wie is nur alles zuagangen?

Anna: Ich hab' mich an den zähen Stängeln des Alpenleinkrauts festgehalten, der Franz aber hat net g'wusst, dass dieser typische Schuttüberkriecher stets in lockerem Gestein wurzelt – seine Unkenntnis der Pflanzenwelt wurd ihm zum Verhängnis!

Toni: Anna! Verzeih' mir! Du sollst den Anteil bekommen, der dir zusteht! Vom Hof, vom Obstgarten und von der Sammlung historischer Rosen im Vorgarten! Und die Seilbahn samt Parkplatz werd ich auch net bauen.

Anna: Das is recht! Stattdessen wollen wir hier oben vom Erbe von dei'm Onkel einen botanischen Lehrpfad errichten – damit die Schönheit unserer Gebirgsflora erhalten bleibt!

(Eng umschlungen blicken die vier in die unberührte alpine Umgebung. Die Kamera schwenkt in die Totale und über die blühenden Berghänge. Vor diesem anrührenden Bild laufen die Schlusstitel, in denen sämtliche erwähnten Pflanzenarten mit genauer botanischer Bezeichnung und Verweis auf ihre systematische Stellung aufgeführt sind.)

Na!? Was sagen Sie? So einfach könnte niveauvolles Fernsehen sein!

Die Herren am Spaten

Die meisten Leute glauben allen Ernstes, des Gärtners wichtigstes Werkzeug sei der Spaten. Merkwürdigerweise trifft das tatsächlich zu. Ganz gleich, welche Raffinessen sich die Baumaschinenhersteller ausdenken mögen, für den Spaten bleibt immer noch genug zu tun. Man kann nicht sagen, dass die Arbeit am Spaten ein Vergnügen sei, schon gar nicht in den Böden meiner Heimat Unterfranken. Unsere Böden bestehen überwiegend aus schwerem Lehm, der, ähnlich einer launischen Geliebten, in seinem Charakter zwischen knallharter Ablehnung und aufdringlicher Anhänglichkeit schwankt, je nach Witterung. Ein unterfränkischer Gärtner hat unweigerlich die aufreibendsten und einprägsamsten Stunden seines Lebens am Spaten verbracht. Kein Wunder, dass wir uns brennend für alles interessieren, was irgendwie mit Spaten zu tun hat, auch wenn es anderen vielleicht gar nicht auffallen mag.

So auch für das folgende, geheimnisumwitterte Geschehen: Auf irgendeinem Acker in irgendeinem Vorort marschiert eine Reihe beleibter Herren auf, Herren, die sich untereinander auffällig gleichen, denn sie tragen alle den gleichen Anzug, die gleiche Krawatte, den gleichen gelben Bauhelm und das gleiche nichtssagende Gesicht. Die Herren stellen sich in einer Reihe auf, sodann erscheint ein dienstbarer Geist und überreicht jedem von ihnen einen nie benutzten, fabrikneuen, sozusagen jungfräulichen Spaten. Die Herren nehmen das Werkzeug mit einer Zaghaftigkeit entgegen, die auf Unsicherheit und Berührungsangst schließen lässt, sie haben sichtlich keine Übung im Umgang mit diesem rustikalen Gerät, sie kennen sich damit nicht aus, sie wissen nicht, wie man damit umgeht und was man damit macht, sie brauchen Hilfe und Unterstützung. Diese wird ihnen umgehend zuteil, eine Anzahl von Adjutanten springt dienstbeflissen hinzu, macht vor, führt unsichere Hände, stützt und schiebt und hält und massiert und ruht nicht eher, bis die Herren in einer Haltung um den Spaten drapiert sind, die vage so aussieht, als ob sie ihn gebrauchen wollten. Dann kommen einige Fotografen, stellen sich den Herren gegenüber, rufen „Huhu!", „Guguck!", „Cheese!", „Hier ist's Vögelchen!" oder „Achtung!", die Herren stehen, so gut sie's mit einem Fuß auf der wackeligen Spatenkante fertig bringen, still und grinsen wie die Holzfüchse in die Kameras. Es folgt ein kurzes, aber heftiges Blitzlichtgewitter – und dann ist das Ganze auch schon vorüber. Die Adjutanten eilen herbei, nehmen den erleichterten Herren die Helme und Spaten ab und geleiten sie zu den wartenden Autos, die sie in ihre Büros zurückbringen, und anderntags erscheint ein Foto der läppischen Zeremonie in der örtlichen Zeitung. Dieses Phänomen heißt: „Der erste Spatenstich."

Die Bezeichnung ist rätselhaft, denn noch nie wurde dabei ein Spaten eingestochen. Das wäre auch kaum möglich, denn bei den besagten Herren handelt es sich ausnahmslos um Politiker und Behördenvertreter, Menschen also, die gewohnt sind, über Arbeit zu sprechen und zu streiten, sie zu fordern und zu fördern, zu strukturieren und zu delegieren, für sie Bündnisse zu schließen und zu brechen, sie zu verteuern und zu besteuern – nur nicht, sie auszuführen. Niemand kann etwas tun, was gegen seine Natur ist. Es wäre unrecht, das zu verlangen, und es verlangt ja auch keiner.

Alles, was ich möchte, ist, dass man mir erklärt, warum und wozu man vor jedem, vor wirklich jedem öffentlichen Bauprojekt, sei es nun ein Gewerbegebiet, eine Gartenschau, eine Schule oder eine Irrenanstalt, eine trottelhaft wirkende und gänzlich sinnlose Zeremonie durchführt. Freilich, Erklärungsansätze gibt es viele, sie sind sogar überwiegend hoch wissenschaftlich. Konrad Lorenz vertrat die Ansicht, beim „ersten Spatenstich" handle es sich um ein sogenanntes „ritualisiertes Verhalten", bei dem die ursprüngliche Absicht nur noch durch instinktive Bewegungen angedeutet, aber nicht mehr ausgeführt würde, ähnlich den Balztänzen von Enten oder siamesischen Kampffischen. Sigmund Freud wiederum führte in seiner „Psychopathologie des Alltagslebens" aus, der „erste Spatenstich" sei eine Zwangshandlung, die ihren Ursprung in einer gestörten Sexualentwicklung und einem übersteigerten Geltungsbedürfnis habe. Der berühmte Soziologe Prof. Dr. Arnulf Gumpenmoser bezeichnet die verbale und pantomimische Ankündigung großer Taten, die dann unausgeführt bleiben, als charakteristisch für Wesensart und Arbeitsweise von Politikern, und ein mir bekannter Filialleiter einer Baumarktkette mutmaßte kürzlich, das Ganze würde auf einer Lobbyarbeit der Spatenindustrie beruhen, die durch den regelmäßigen Verkauf größerer Mengen von erstklassigen Neuspaten an die mit dem „ersten Spatenstich" betrauten Funktionsträger ihre Umsätze ganz außerordentlich steigere.

Diese These entbehrt allerdings nicht einer gewissen Wahrscheinlichkeit, denn tatsächlich werden für jeden „ersten Spatenstich" nur gänzlich unbenutzte, brandneue Spaten gebraucht – sonst könnte man ja auch nicht vom „ersten" Spatenstich sprechen, logisch. Das wirft allerdings wiederum die Frage auf, was man danach mit den Spaten anfängt. Werden sie recycelt? Werden sie in Entwicklungsländer exportiert oder an arme Menschen verschenkt? Ein Kriminologe aus Stuttgart äußerte kürzlich den skandalösen Verdacht, betrügerische Entsorgerfirmen aus Osteuropa würden die nach dem Pressetermin eingesammelten Spaten kostenpflichtig abtransportieren, dann mit gefälschten Preisetiketten versehen und sie als angeblich neu in Schwellenländer verkaufen, wo sie von ebenso ahnungslosen wie gutgläubigen Personen des öffentlichen Lebens zu dortigen „ersten Spatenstichen" gebraucht würden. Obwohl bislang unbewiesen, sorgte diese Theorie für gehöriges Aufsehen und scharfe Protestnoten aus den Reihen von Verbraucherschutz- und Menschenrechtsorganisationen, in deren Folge sich in mehreren EU-Ländern die Aktion „Sauberer

Spaten" konstituierte, um derlei Missbrauch vorzubeugen.

Schließlich sei der Vollständigkeit halber auch die These des Bad Mergentheimer Heimatforschers Guntram Prözl erwähnt, beim „ersten Spatenstich" handle es sich ganz einfach um eine Spielart der Brauchtums- und Traditionspflege. Dies halte ich persönlich jedoch für abwegig, denn gerade traditionelles Brauchtum zeichnet sich dadurch aus, dass die benannten Tätigkeiten auch tatsächlich ausgeübt werden.

Es ist gar nicht anders denkbar, als dass beim Fischerstechen nach Fischern gestochen, beim Goaßlschnalzen mit Goaßln geschnalzt und bei den bayerischen Landtagswahlen CSU gewählt wird, das muss so sein, sonst wäre es keine Brauchtumspflege, sondern ein Schmarrn.

Ein „erster Spatenstich", bei dem nichts eingestochen wird, ist aus brauchtumspflegerischer Sicht ebenso widersinnig als würde Münchens OB auf dem Nockherberg „O'zapft is'!" plärren, ohne den Zapfhahn eingeschlagen zu haben, als würde man bei Neueröffnungen eine geschlossene Schere ans rote Band halten oder als würden beim Wiener Opernball die Debütanten beim Einsetzen der Walzermusik stehen bleiben.

Nein, man kann es drehen und wenden, wie man will, das Zeremoniell des „ersten Spatenstichs" bleibt in seiner sinnfreien Lächerlichkeit unerklärlich. Zugegeben, davon geht jetzt die Welt nicht unter, als Gärtner aber, der die Mühsal der Arbeit am Spaten kennt, ergrimmt einen ein solcher Humbug aufs Äußerste. Unsereiner kriecht bei der Arbeit auf dem Zahnfleisch daher, rackert sich beim Hantieren mit dem Spaten einen Wolf, verzehrt sich geradezu an diesem Gerät – und diese lächerlichen Schaumschläger hampeln ein wenig daran herum und genießen dafür eine Aufmerksamkeit, von der wir nicht einmal träumen können.

Ja, ich weiß, dass hier der Neid aus mir spricht, der ohnmächtige Groll der arbeitenden Klasse gegen die privilegierten Schichten, aber auch solche Regungen sind menschlich und verdienen, ernst genommen zu werden. Wir Gärtner sind auch nicht immer so harmlos wie wir scheinen. Wir haben, wenn es sein muss, Dynamit im Blut. An einem besonders heißen Hochsommertag, als die Herren am Spaten wieder einmal besonders aufreizend posierten, konnte ein anwesender Landschaftsgärtner nicht mehr an sich halten und schrie den Arbeiterdenkmälern zu: „Ja, stecht'n halt endlich amal 'nei, ihr Schlappsäu'!" Für einen Augenblick herrschte atemlose Stille. Es war eine Stimmung wie am 18. März 1848, als vor dem Berliner Schloss der erste Schuss fiel. Man war aufs Äußerste gefasst.

Aber es geschah nichts Böses. Die Herren am Spaten posierten weiter, die Kameras klickten und am nächsten Tag erschien das vertraute Bild mit der Überschrift „Der erste Spatenstich" in der Zeitung.

Das ist das Erfolgsgeheimnis moderner PR-Aktionen, dass Zwischenrufe nicht mit aufs Bild kommen.

Der Gelassene

Was ich am Gärtnerberuf so mag, ist: Er vermittelt dir so eine Gelassenheit. Der Umgang mit Pflanzen gibt dir so eine innere Ruhe, so eine Kraft, du stehst einfach über den Dingen. Wo ein anderer sich aufregt, da sagst du einfach: „Was soll's – wir sind ja schließlich alle nur Menschen, oder?"

Neulich zum Beispiel, da ist mein einer Mitarbeiter mit einem Kaffeebecher ins Auto gestiegen und hat den ganzen Sitz vollgegossen; ein anderer hätte rumgetobt, aber ich bleib da einfach ganz ruhig. Oder ein anderes Beispiel: Meine Mitarbeiter, die sagen immer „Meter" statt „Zollstock". Das ist ja eigentlich ein völliger Schmarrn, weil ein Zollstock ja mindestens zwei Meter hat, aber da atme ich einfach tief durch, phüüüü, und das war's.

Oder, Sie kennen doch diese verstellbaren Schraubenschlüssel, die heißen nun mal „Engländer". Jeder weiß das, sogar im Brockhaus steht: „Verstellbarer Schraubenschlüssel – Engländer". Aber meine Mitarbeiter, die sagen „Franzose". Jedes Mal. Da kann ich ihnen hundert- und tausendmal sagen, dass das falsch ist; das geht zum einen Ohr rein, durch den Hohlraum durch und zum andern Ohr wieder raus.

So was steck ich weg, einfach durch diese innere Gelassenheit. Ein anderer wäre schon längst wahnsinnig geworden. Ist ja auch kein Wunder bei solchen Evolutionsbremsen; ich meine, selbst eine Amöbe entwickelt sich fort, aber ein Depp bleibt ein Depp und sagt „Meter" und „Franzose" und trenst mit Kaffee im Auto rum und ist auch noch stolz drauf.

Was? Ja, natürlich müsste man da mal durchgreifen, aber das mach heute mal bei dieser lätscherten Pseudohumanität, wie wir sie überall haben. Früher, verstehst du, da hätt so ein Kerl bei jedem „Meter" und jedem „Franzosen" eine Watsche eingefangen, dass ihm der Kopf gegangen wäre wie ein Windrad, dann hätte man die ganze Mannschaft zusammengestaucht, und wenn dann noch einmal einer aufläuft und „Meter" statt „Zollstock" und „Franzose" statt „Engländer" sagt, dann sag ich nur noch: „Du, jetzt aber Schnauze oder Kündigung!"

Da gehört natürlich auch eine entsprechende gesetzliche Rückendeckung her, da wird dann nicht mehr lang rumgetan mit Abmahnung hin und Arbeitsgericht her, da heißt es dann einfach „Aktenzeichen: Meter/Arschloch" und fristlos raus. Und seinen trensenden Kaffeebecher, den schmeiß ich ihm noch hinten hinauf!

Oder?! So ist es doch! Da würde endlich einmal der ganze Laden in Schwung kommen, aber das kriegst du ja in diesem Land nicht hin, weil hier alle vernagelt sind wie die Lattenzäune, da oben Bretter, Bretter, Bretter und sonst nichts!!

Da bin ich doch mit Recht froh über meine innere Gelassenheit, Himmelherrschaftszeiten noch mal!!

Gärtner in Deutschland

Berufsgärtner in Deutschland zu sein, ist schwierig. War's schon immer. Ganz am Anfang war der Deutsche Germane und der Garten war Urwald, voll mit riesigen Bäumen, mit Bären und Auerochsen und sonstigen gefährlichen Geschöpfen. Gartenarbeit war damals: Den Wald roden, die Bären und Auerochsen erschlagen, den Boden umgraben und Gemüse anbauen. Das war entsetzlich mühsam und machte gar keinen Spaß, aber man brauchte das Gemüse zum Essen. Essen machte auch keinen Spaß, schon gar nicht Gemüse, denn der Germane aß lieber Schweinsbraten. Den gab es aber nur sonntags, und so war das Leben von einer gewissen Trostlosigkeit. Der Germane kaute widerwillig Gemüse, hasste die Arbeit, die es machte und freute sich auf den Sonntag. Gelegentlich unternahm er auch mal einen Kriegszug, um nachzusehen, ob es nicht anderswo schöner sei, mit weniger Gemüse und mehr Schweinsbraten. Das blieb dann eine Weile so.

Erst 1949, nach dem letzten Kriegszug, wurden die Dinge anders. Es kamen das Wirtschaftswunder und das Werbefernsehen. Nun gab es endlich Schweinsbraten, so viel man wollte. Gemüse brauchte man nicht mehr, und wer doch einmal auf ärztliche Anweisung welches essen musste, der konnte es billig kaufen. Die mühsame Gartenarbeit war damit überflüssig geworden. Jetzt hätten die Gärten eigentlich wieder Urwald werden können, aber das Werbefernsehen war dagegen. Es erklärte dem Deutschen, dass er jetzt kein Germane mehr sei und dass Urwald auf gar keinen Fall ginge, denn Urwald sei unordentlich und schmutzig und ganz, ganz gefährlich, denn darin gäbe es schädliche Bakterien, und die seien viel schlimmer als Bären und Auerochsen zusammen. Nur durch Ordnung und Sauberkeit, so verkündete das Werbefernsehen, könne man dem vorbeugen.

Und so kaufte der Deutsche Rasenmäher und Kantenschneider, Unkrautstecher und elektrische Heckenscheren und mähte und schnitt und jätete und hatte noch mehr Arbeit als früher mit dem Gemüse. Abends sank er erschöpft in seinen Fernsehsessel und schaltete das Werbefernsehen ein, um zu sehen, ob er alles richtig gemacht habe.

„Es ist zwar sauber", sprach da das Werbfernsehen, „aber ist es auch bakterientief rein?" Und so kaufte der Deutsche Herbizide und Insektizide und Acarizide und Fungizide und nach dem Mähen und Schneiden und Jäten sprühte er damit nach, damit es auch wirklich ordentlich und sauber sei. Das war entsetzlich mühsam und machte gar keinen Spaß, und der Deutsche hasste die Gartenarbeit von seiner frühesten Kindheit an, weil er sie nur als Mühsal und Strafe kannte, wie Hausarrest oder Geschwister hüten. So war das Leben noch immer freudlos, obwohl es nun täglich Schweinsbraten gab, und schuld daran waren nur die Gärten.

Es kam, wie es kommen musste: Eines Tages begannen die jungen Leute aufzubegehren, gegen die Ordnung und Sauberkeit und die Enge, den Zwang und die Freudlosigkeit, sie rebellierten und randalierten, ließen sich Wuschelfrisuren wachsen, hörten lärmige Musik und verweigerten die Gartenarbeit. Alles, so verkündeten sie, muss anders werden, auch die Gärten, aber wie das Andere aussehen sollte, das wussten sie auch nicht. Das ist bei Revolutionären meistens so. Da ihnen nichts anderes einfiel, begannen einige dieser jungen Leute, wieder Gemüse anzubauen und die Errungenschaften des Werbefernsehens zu negieren. Sie betrieben also wieder denselben Gartenbau wie die alten Germanen und nannten das biologisch. Sie rodeten und buddelten und gruben und jäteten, trugen selbst gefertigte Strickpullover, kauten Salat und kochten im Herbst zentnerweise Obst ein. Überlebende aus jener Zeit sind nicht davon abzubringen, dass einiges davon sogar geschmeckt haben soll.

Im Ganzen aber war es genauso mühsam wie früher und machte auch gar keinen Spaß, doch es half das Bewusstsein, dass man es für eine bessere, gesündere Welt tat, in die die Kinder hineinwachsen sollten. Die mit Selbstgeerntetem und -gestricktem aufgezogenen Kinder gediehen denn auch prächtig und wurden stark und groß. Dann suchten sie schleunigst das Weite und zogen in Etagenwohnungen, wo sie Schweinsbraten mit Pommes essen konnten und nicht mehr im Garten zu arbeiten brauchten.

Andere verkauften ihre ererbten Grundstücke an findige Bauspekulanten, die aus einer Parzelle fünf Bauplätze machten, diese weiterverkauften und prächtig daran verdienten.

Das Problem mit den Gärten war damit aber noch immer nicht aus der Welt geschafft, im Gegenteil, je kleiner die Gärten wurden, desto mehr davon gab es, und der Deutsche saß ratlos in seinem Schrumpfgarten und überlegte, was er, um Himmels willen, bloß damit anfangen sollte.

In dieser Situation verfiel er auf einen ungewöhnlichen Gedanken: Er beschloss, einen Fachmann zu Rate zu ziehen, nämlich einen Berufsgärtner. Der Berufsgärtner war ein alter, bärtiger Mann mit Pfeife und Strohhut; er sah sich ein wenig ratlos im Garten des Deutschen um und stützte sich schwer auf seinen Spaten, denn die Situation war ihm ungewohnt. Er hatte bisher fast nur in öffentlichem Auftrag gearbeitet, und wenn er private Auftraggeber hatte, so waren es Adelige oder reiche Großbürger, die keine Gemüsegärten hatten, sondern Parks mit Reitwegen, Baumalleen, Seen und Borders und anderen Dingen, die sehr schön sind und sehr viel Platz brauchen.

Der Gärtner war in seiner Jugend viel herumgekommen, um zu lernen, wie man solche wunderbaren Parks anlegt und pflegt, er hatte in großen, traditionsreichen Gärtnereien, in botanischen Gärten und berühmten Schlossanlagen gelernt, und er war sogar zwei Jahre in England gewesen, dem Mutterland der Gartenkunst, aber so etwas wie den Miniaturgarten des Deutschen hatte er noch nie aus der Nähe gesehen. Er konnte sich nicht recht vorstellen, was man mit einem solchen Fleckchen anfangen sollte, und so fragte er den Deutschen nach seinen Wünschen, wie er es auch bei adeligen Schlossbesitzern zu tun pflegte.

Da war der Deutsche nun völlig ratlos, denn erstens war er's nicht gewohnt, nach seiner Meinung gefragt zu werden, und zweitens hatte er keine Ahnung, was er antworten sollte. Am liebsten hätte er einfach gesagt: „Na, wenn Sie das nicht wissen", aber er traute sich nicht, denn der alte bärtige Mann hatte etwas Einschüchterndes, Druidenhaftes an sich und machte ihm Angst. Also überlegte der Deutsche gehorsam, was er sich denn wünsche, er überlegte und ging in sich, und das war eine schreckliche Erfahrung. Schlagartig spürte er die Last von Generationen, die Mühsal und Freudlosigkeit, visionsartige Schreckensszenarien tauchten vor ihm auf, Bilder aus dem Grau der Geschichte von rodenden, Unkraut jätenden, Rüben ziehenden, Rasenkanten schneidenden und Gift spritzenden Vorfahren, gebeugt unter der Last des Kampfes und Ausmerzens, es graute ihm vor ihnen und er spürte gleichzeitig ihre Gene in sich und schauderte vor Entsetzen. Und er schluckte schwer und sprach: „Es soll vor allem keine Arbeit machen."

Das verstand nun wieder der Gärtner nicht, denn er war es gewohnt, dass er die Arbeit machte, dass der Auftraggeber dafür bezahlte und dass beide sich dann am Ergebnis freuten. Er merkte, dass dieser seltsame neue Kunde offenbar nicht gewohnt war, sich an etwas zu freuen, nicht an Bäumen, nicht an Sträuchern, nicht an Blumen und wahrscheinlich auch nicht am Leben, das ist eigentlich auch nicht verwunderlich, denn Lebensfreude erfordert Mut, und das Wesen des Deutschen besteht aus Angst. Angst davor, Arbeit tun zu müssen und womöglich einmal nicht mehr tun zu können, Angst vor den Nachbarn, Angst vor dem Werbefernsehen, Angst, den Ansprüchen des Werbefernsehens und der Nachbarn nicht zu genügen, Angst vor der unbekannten Natur, die ihn vielleicht verschlingen könnte, wenn er sie nicht weiter bis zur eigenen Erschöpfung bekämpfte, Angst vor dem Leben, Angst, es so wie bisher weiterführen zu müssen, und Angst davor, es zu ändern oder auch nur an eine Änderung zu denken. Wenn ein lebensfroher Mensch vom Paradies träumt, lächelt er und fühlt sich zu Hause.

Wenn ein Deutscher vom Paradies träumt, erschrickt er, wacht schleunigst auf und wenn er merkt, dass es nur ein Traum war, fühlt er die vertraute Trostlosigkeit und ist erleichtert. Das klingt vielleicht paradox, aber man kann seine Geborgenheit auch im

Elend finden. Der deutsche Gartenbesitzer hat Übung darin.

Der Gärtner erkannte das, und der Deutsche tat ihm leid. Er versuchte, ihm zu vermitteln, dass es einen Garten ganz ohne Arbeit nicht gebe, dass man aber sinnlose Arbeiten sehr wohl vermeiden könne, dass im Übrigen jede Arbeit immer nur so erfreulich oder unerfreulich sei wie ihr Ergebnis und dass ein Garten nicht zwangsläufig ein ödes Arbeitslager sein müsse, sondern auch ein Ort der Entspannung, Erholung und Erbauung sein könne.

Dies und noch anderes führte der alte Gärtner aus, denn er war nicht nur ein alter, sondern auch ein begeisterter Gärtner und er wollte auch seinen Kunden begeistern. Er tat sein Möglichstes. Er ging ins Detail. Er beschrieb anschaulich die Eigenschaften und das Aussehen verschiedener Pflanzen, ihre Wirkung, wenn man sie so oder anders kombinierte oder in Verbindung mit Wasser, Stein oder Holz brächte. Je länger er sprach, desto mehr erwärmte er sich für das Thema, und er war selbst überrascht, welche Möglichkeiten in dem kleinen Garten verborgen lagen.

„Das kannst du dir nicht vorstellen, wie schön das alles werden wird", sagte er schließlich voll Vorfreude, und der Deutsche konnte es sich auch wirklich nicht vorstellen. Wie sollte er auch? Kann sich ein Maulwurf Farben vorstellen? Niemand vermag etwas gegen seine Natur. Der Deutsche hatte nichts von dem verstanden, was der Gärtner gesagt hatte, es war ihm fremd, und was ihm fremd war, erfüllte ihn mit Misstrauen.

Er sah den Gärtner abweisend an und sprach: „Legen Sie mir eine Rasenfläche an, mit einer Thujahecke drum herum. Die Werbung sagt, dass das am wenigsten Arbeit macht." Als der alte Gärtner die Worte des Deutschen hörte, schien er noch ein wenig älter zu werden. Das Leuchten in seinen Augen erlosch, und seine Begeisterung schwand ebenso dahin wie sein Mitleid. „Dienst ist Dienst", sagte er und tat, wie ihm geheißen. Das war die Geburtsstunde des Privatkundengeschäfts im Gartenbau.

Seither ist wieder einige Zeit vergangen. Der alte Gärtner ist vermutlich gestorben. Ich nehme das jedenfalls an, denn schon länger hat ihn keiner mehr gesehen. Der deutsche Gartenbesitzer aber lebt noch, und er hat sich überhaupt nicht verändert. Des Gärtners Nachkommen haben mit ihm zu leben gelernt. Das fiel ihnen umso leichter, je mehr sie sich seinem Niveau anglichen. Einige haben es darin so weit gebracht, dass sie aus der inneren Leere ihres Kunden einen eigenen Gartenstil gemacht haben.

Das Tolle an ihren Gärten ist, dass sie gar keine Gärten mehr sind, sondern Räume im Freien. Sie machen auch keine Gartenarbeit mehr, sondern Hausarbeit: Saugen, Hochdruckreinigen, Desinfizieren und was man halt so macht in Bad und WC. Das macht noch immer keinen Spaß, und das Leben ist nicht weniger freudlos als früher, aber der Deutsche beklagt sich nicht. Dass er chronisch unzufrieden ist, hält er für eine gottgegebene Sache.

Es gibt natürlich vereinzelt auch andere Deutsche, aber das würde jetzt zu sehr ins Detail führen. Ob die heutigen Gärtner in ihrem Beruf glücklich sind, ist eine sehr schwer zu beantwortende Frage. Ein Gärtnerleben in Deutschland – nun ja. Schon immer schwierig.

Die Schlussbilanz

Das Buch neigt sich dem Ende zu, und Sie haben bis jetzt durchgehalten. Ich weiß das zu schätzen. Rasend nett von Ihnen, dass Sie mir solange zugehört haben. Sie sind mir so ans Herz gewachsen, dass der Abschied schwer fällt. Machen wir also, bevor wir uns vorläufig trennen, den letzten Schritt gemeinsam und ziehen wir Bilanz. Man muss Bilanz ziehen, wenn man mit etwas zum Ende kommt. Früher bemaß man bei dieser Gelegenheit die angesammelten Schätze im Jenseits. Wer sich zeitlebens aller irdischen Vergnügungen enthalten hatte, durfte sich eines Altersheimplatzes im Himmel gewiss sein. Alle anderen taten gut daran, noch einige Ablassjahre zu erwerben.

Dieses Schema ist im Wesentlichen unverändert geblieben, nur zieht man heute eine Ökobilanz. Die Sündhaftigkeit einer Handlung bemisst sich heute nicht mehr nach der Moral, sondern nach dem CO_2-Ausstoß. Gruppensex mit Zwangsprostituierten, beispielsweise, ist okay, solange er in einem ungeheizten Zimmer stattfindet und alle Beteiligten dabei flach atmen.

Wer hingegen Weib und Kinder mit dem Auto ins Restaurant fährt und sie dort zu einem Rindfleischgericht einlädt, das womöglich vor dem Verzehr auch noch gekocht wurde, ist ein Klimafrevler und Gletscherfeind. Es sei denn, er neutralisiert sein schändliches Tun mithilfe des Ablasshandels. Der heißt allerdings jetzt nicht mehr Ablasshandel, sondern Klimaschutzabgabe, aber das darf uns nicht verwirren.

Was zählt, ist nicht die Benennung, sondern das Funktionsprinzip, und das ist das gleiche geblieben: Man darf durchaus weiter die Sau rauslassen, solange man hinterher die nötigen Zertifikate erwirbt. Das ist die Voraussetzung für verantwortungsbewusstes Handeln.

Wenn Al Gore im Düsenjet durch die Welt fliegt, um seine von weither angereisten Zuhörer zum Klimaschutz zu ermahnen, so zahlt er dafür eine Klimaabgabe. Wenn die deutsche Industrie synthetische Dämmstoffe produziert, bezahlt sie dafür eine Klimaabgabe.

Wenn jemand ein Buch schreibt, so schadet das dem Klima nicht, jedenfalls bei mir nicht, denn ich schreibe von Hand, mit einem Bleistift auf die Rückseiten von unerbetenen Werbezuschriften, die ich zu diesem Zweck sammle, und auch das nur bei Tageslicht.

Wenn aber andere dieses Buch lesen, so setzen sie damit einen Prozess in Gang, der von der elektronischen Texterfassung über Papierhersteller und Druckmaschinen bis hin zu beheizten Buchhandlungen und motorisierten Postzustellern mindestens so viel CO_2 frei setzt wie der Ausbruch eines kniehohen Vulkans oder die Wahlrede eines Kanzlerkandidaten.

Da sehen Sie, was Sie angerichtet haben. Sie sind in der Verantwortung, meine lesewütigen Freunde. Was gedenken Sie also zu tun, um Ihr Verhalten klimaneutral auszugleichen?

Es gibt mehrere Wege. Der bequemste wäre, den Verlag in die Pflicht zu nehmen. Sie könnten in Stuttgart in den Wollgrasweg gehen, die Stiegen zum Chefbüro entern und schreien: „Wo bleibt die Klimaabgabe, Herr Ulmer?"

So etwas bleibt nicht ohne Wirkung. Es gibt Verlage, deren Leser das schon getan haben. In den Büchern dieser Verlage finden wir dann die Mitteilung, dass sie klimaneutral gedruckt worden sind. Das heißt, man hat zunächst den CO_2-Ausstoß, der bei der gesamten Produktion anfällt, ermittelt und der Verlag hat sodann eine Abgabe entrichtet, mit deren Hilfe die gleiche Menge CO_2 anderweitig eingespart werden kann.

So lautet jedenfalls die Theorie. Ich bin da skeptisch. Es ist ja nicht so, dass der Empfänger der Klimaabgabe eigenhändig mit seiner schwieligen Fäuste Arbeit so viele Bäume gepflanzt hat, wie zur Bindung der betreffenden CO_2-Menge notwendig wären. Das System sieht vielmehr vor, dass der betreffende Betrag an eine Organisation geht, die ganz allgemein Klima schützende Projekte betreibt.

Gerade neulich habe ich von einer solchen Organisation eine Spendenaufforderung erhalten. Bei dem von ihr vorgestellten Projekt handelte es sich um die geplante Renaturierung eines trocken gelegten Moores. Moore, das weiß man, binden ganz besonders viel CO_2, mehr noch als Waldflächen, es scheint ihnen geradezu Spaß zu machen. Die Organisation, die das Moor renaturieren wollte, schrieb, sie benötige zum Ankauf der Flächen 30000 €. Bei dieser Organisation handelte es sich um einen sehr bekannten, allgemein anerkannten Naturschutzverband. Die Mitarbeiter des bekannten Naturschutzverbandes waren auf der Rückseite des beigefügten Informationsblattes auf einer Art Klassenfoto abgebildet; es waren – sofern alle vollzählig anwesend waren – 25 Leute. Setzt man voraus, dass alle diese Menschen sich um der guten Sache willen mit einem Monatsgehalt von 2000 € brutto begnügen – ich weiß, sie tun es wahrscheinlich nicht, aber ich rechne gern mit geraden, runden Zahlen, mein früherer Mathematiklehrer kann Ihnen das bestätigen – dann hat der betreffende Naturschutzverband Monat für Monat Ausgaben in Höhe von 50000 €, also mehr als das Anderthalbfache dessen, was für den Ankauf der Moorflächen nötig wäre, und zwar bevor auch nur ein einziger Euro in ein Klimaschutzprojekt geflossen ist.

Dazu kommt, dass alle diese engagierten Menschen ihrerseits CO_2 produzieren. Sie heizen ihre Häuser. Sie fahren zur Arbeit in die vermutlich ebenfalls beheizte Geschäftsstelle des Naturschutzverbandes. Sie betätigen dort Telefone, Computer, Faxgeräte und Kopierer, sie essen, sie trinken, sie atmen ganztägig, wahrscheinlich umso heftiger, je mehr sie sich im Kampf um das Klima echauffieren müssen.

Natürlich könnte der Verband seinerseits eine Klimaabgabe für seine Mitarbeiter zahlen, die Frage ist nur, an wen, und ob dann überhaupt noch etwas von den Klimaabgaben, die er zuvor selbst bekommen hat, für Klimaschutzprojekte übrig bliebe. Die ganze Problematik ist sehr verwickelt; ich glaube, die kirchlichen Ablasshändler hatten seinerzeit weniger zu grübeln. Immerhin, hat man dann tatsächlich mal ein Moor renaturiert, kann man ziemlich sicher sein, dass es tatsächlich soviel CO_2 bindet, wie man mit ihm vereinbart hat.

Moore sind geschäftlich sehr zuverlässig; ich habe noch nie gehört, dass eines Insolvenz angemeldet hätte. Wind- und Solarparks dagegen tun das gar nicht so selten, und gerade in diese werden besonders viele Klimaabgaben investiert. Geht der Betreiber einer solchen Anlage pleite, so fällt sein Restvermögen an die Gläubiger, auch wenn es ursprünglich aus Klimaabgaben stammt. Überwiegend sind diese Gläubiger Banken. Natürlich könnten dann die Banken das zurückerhaltene Geld in Klimaschutzprojekte investieren, aber ich bin nicht sicher, ob sie es tun werden. Ich kann mich jedenfalls nicht erinnern, dass Lehman Brothers oder die Hypo Real Estate ihr Kapital bei der CO_2-Reduzierung verzockt hätten.

Nein, ich fürchte, mit einer Klimaabgabe des Verlags ist es nicht getan. Sie müssen Ihren hemmungslosen Buchankauf anderweitig kompensieren. Ja, schauen Sie nicht so putzig erstaunt; ich weiß schon noch, wovon wir ursprünglich gesprochen haben. Es hilft nichts, Sie müssen die Folgen Ihres Literaturkonsums selbst tragen. Am besten gehen Sie da in mehreren Schritten vor. Zunächst müssen Sie dafür Sorge tragen, dass Sie die bei der Buchproduktion erzeugte CO_2-Menge nicht beim Lesen unnötig vergrößern.

Lesen Sie also am besten nur im Sommer, wenn Sie dabei weder Heizung noch Licht benötigen. Wenn Sie durchaus im Winter lesen wollen, so begnügen Sie sich mit einer Leselampe. Das Zimmer kann ruhig dunkel bleiben, es reicht, wenn das Buch hell ist. Bei großformatigen Bänden sollten Sie auch bedenken, dass keineswegs die ganze Doppelseite illuminiert werden muss, es genügt vollauf, wenn der Lichtkegel die gerade angelesene Textstelle ausleuchtet.

Wählen Sie spannende oder herzerwärmende Bücher, dann können Sie dafür die Zimmertemperatur absenken. Langweiliger Lesestoff ist dagegen strikt zu meiden, da man im Schlaf tiefer atmet; das gilt besonders für Leser, die zum Schnarchen neigen. Falls Sie heitere Lektüre bevorzugen, bei der Sie lachen müssen, so tun Sie es dezent – man muss nicht bei jeder läppischen Pointe loswiehern, dass der Nachbar von nebenan vor Schreck einen Herzkasper bekommt.

Besondere Aufmerksamkeit für die klimatischen Folgen des Lesens müssen jene Menschen aufbringen, die geistige Nahrung nur in Verbindung mit körperlicher als zuträglich empfinden. Wenn Sie also zu den Zeitgenossen gehören, die beim Lesen wie intellektuelle Kaninchen beständig vor sich hin knabbern müssen, sollten Sie zumindest bei der Auswahl der verwendeten Genussmittel einige Sorgfalt walten lassen. Kartoffelchips, aus Übersee importierte Erdnüsse oder Salzstangen führen nicht nur zu sinnloser Korpulenz, sondern sind auch wegen ihrer geradezu verheerenden CO_2-Bilanz tabu. Biokaviar auf Wildlachshäppchen wäre klimatisch günstiger, kommt aber, zumal bei dicken Büchern, nur für höhere Einkommensgruppen in Betracht. Ebenso preisgünstig wie ökologisch vorbildlich sind dagegen luftgetrocknete Schnitze von selbst gesammeltem Streuobst. Ganz asketische Klimaschützer begnügen sich mit den Fingernägeln.

Nachdem Sie solcherart den Gesamt-CO_2-Ausstoß Ihres literarischen Freizeitvergnügens effektiv begrenzt haben, sollte es nicht schwer fallen, für ein angemessenes Gegengewicht zu sorgen. Klimaschutzexperten betonen in diesem Zusammenhang stets die Wichtigkeit des globalen Denkens. Da die Folgen des CO_2-Anstiegs sich weltweit auswirken, spielt es keine Rolle, wo Maßnahmen zur CO_2-Reduzierung umgesetzt werden. Es kann überall sein. Warum also nicht an dem Ort, der uns die ganze Zeit die thematische Grundlage geliefert hat: im Garten? Nehmen Sie ein nahe liegendes Beispiel: Ihren eigenen. Gehen Sie hinaus und sehen Sie sich um. Natürlich ist es denkbar, dass bei Ihnen im Hinblick auf Pflanzenausstattung nichts mehr zu verbessern ist, aber nach meiner nicht unbeträchtlichen Erfahrung ist es statistisch unwahrscheinlich.

Sie können überall ansetzen. Ein Baum bindet vor Ihrem Haus nicht weniger CO_2 als auf einer zertifizierten Klimaschutzfläche im Lande Irgendwo, aber er spendet Ihnen hier im Sommer mehr Schatten. Wände lassen sich auch mit Wildem Wein oder Kletterrosen aufwerten und nicht etwa nur mit Styroporplatten. Und wenn auch Sie Bereiche in Ihrem Garten haben, die nur „sauber“ sind und sonst nichts, dann warten Sie nicht, bis Ihr Rindenmulch verrottet oder Ihr Kies zusedimentiert ist, sondern entsorgen Sie ihn und pflanzen Sie dort etwas Schönes!

Nicht nur das Klima wird es Ihnen danken.

Weitere tolle Ulmer-Gartenbücher gibt's im Webshop auf www.ulmer.de

Bibliografische Information der Deutschen Nationalbibliothek

Die Deutsche Nationalbibliothek verzeichnet diese Publikation in der Deutschen Nationalbibliografie; detaillierte bibliografische Daten sind im Internet über http://dnb.d-nb.de abrufbar.

Wollgrasweg 41, 70599 Stuttgart (Hohenheim)

E-Mail: info@ulmer.de

Internet: www.ulmer.de

Layoutentwurf: Ralf Weinmann, Verlag Eugen Ulmer

Layout: Bernd Burkart; www.form-und-produktion.de

Umschlaggestaltung: Atelier Reichert, Stuttgart

Druck: Firmengruppe APPL/aprinta druck, Wemding

Printed in Germany

ISBN 978-3-8001-8363-0

IDEEN AUS STEIN FÜR DIE KREATIVE AUSSEN-GESTALTUNG

ARENA® Pflastersteine
BANGKI-LINE® Holz-Profilsteine
MAHORA® Holz-Struktursteine
CULT® LONG-LINE® Gartenmauern
SANTURO® Gartenmauern

8 Monaten nach Einbau